U0338654

化学变！变！变！

奇妙的分子和原子！

［日］原田佐和子 小川真理子 片神贵子 沟口惠 著

［日］富士鹰茄子 图

高远 蒋莉 译

江西人民出版社

Jiangxi People's Publishing House

全国百佳出版社

●目录

第3章 溶解

> **特别提示**:请在成人陪伴和安全环境中
> 操作书中的相关实验。

第 0 章

欢迎来到
"变身"的世界!

在本书的开始，我们先介绍出场的主角们——原子和分子吧。

物质在"变身"之时，上面提到的主角们时而结合时而分离。

结合方式不同，紧密程度也各有不同。

让我们看看他们的结合方式到底有何不同吧。

是谁在"变身"？

在你身边，现在都有哪些东西呢？它们都是由什么构成的呢？

比如桌子上放着蛋糕和果汁，这两者是由什么构成的呢？

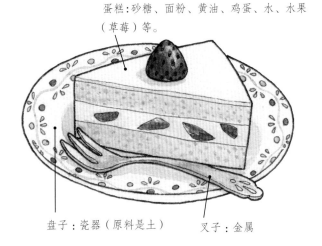

蛋糕：砂糖、面粉、黄油、鸡蛋、水、水果（草莓）等。

盘子：瓷器（原料是土）　　叉子：金属

吸管：塑料

杯子：玻璃

果汁：砂糖、水及其他

就算是拿着一份点心，也能了解到它是由多种多样的物质构成的。

让我们更详细地看看蛋糕和果汁中都有用到的白砂糖吧。

让我们用放大镜看看白砂糖的小颗粒吧。

大家好，我是小麻雀春太，是本书的向导。

放大白砂糖的颗粒，可以看到它的形状就像美丽的宝石。这样的结晶聚在一起变成水果糖的大小后，就是冰糖了。仔细观察可以发现，白砂糖的颗粒和冰糖的颗粒，形状几乎一样。

一粒结晶是由更小的微粒聚集组合而成。

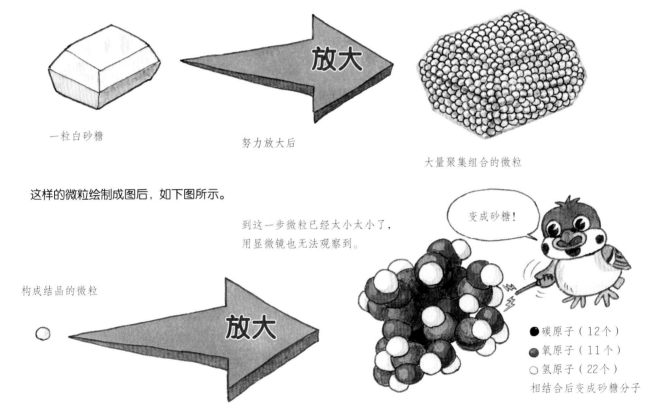

一粒白砂糖

努力放大后

大量聚集组合的微粒

这样的微粒绘制成图后，如下图所示。

到这一步微粒已经太小太小了，用显微镜也无法观察到。

变成砂糖！

构成结晶的微粒

● 碳原子（12个）
● 氧原子（11个）
○ 氢原子（22个）
相结合后变成砂糖分子

不仅仅是砂糖，我们身边的所有物质，都是由极小的微粒组合而成的。这些微粒被称作"分子"。而分子又是由更小的"原子"（例如，碳、氢、氧、氮、铝、铁等）构成的。构成和结合的方式一旦变化，物质就会"变身"成为完全不同的新物质。本书中，我们将介绍许许多多的"变身"事例。

水是"变身"的名人

将水放入冰箱的冷冻室之中，会凝结成坚硬的冰。本来柔和的水，在冰冻后为何变得坚硬如铁？将冰从冰箱中取出，最终又融化变回水。再将水放在火上加热，会扑腾扑腾冒泡，然后水量减少，最终消失不见。水到哪去了呢？

冰箱中坚硬的冰

冰融化后变为水

水被加热后无影无踪

●固体·液体·气体

世间不论何种物质，都是由

极小极小的微粒构成的。

就连水，也是由肉眼不可见的

细小微粒构成的。而水根据周围条件，

可以在"固体""液体""气体"之间变化形态。

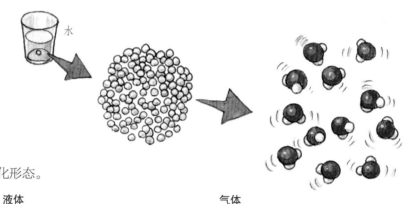

固体

微粒较为规律地排列在一起，基本移动不了。

液体

微粒之间虽然相互吸引，但是可以自由移动。

气体

微粒一个个分散开来，在空气中飞舞。

有一点点摇晃，微微动摇……

杯子里的水之所以没了，是因为变身成了水蒸气（气体）

10

● 水，藏身于许多地方

无论是何种物质，都能变身成为"固体""液体""气体"三种形态。但是，我们在生活中很少接触到"固体的氧""液体的金"这类物质。这是因为，成为固体或者成为气体有难易之分，水在各种物质之中，又可以在我们生活当中变身为"固体""液体""气体"三种形态。水，到底是在哪儿，以什么形态隐藏着呢？

隐藏于固体

在高空中，水蒸气遇冷凝华为冰晶，构变成了云。云就是由冰晶和水滴组合而成的。

隐藏于气体

虽然肉眼看不到，但是空气中就藏有大量变为水蒸气的水。下雨天和潮湿的日子里洗过的衣物很难变干，就是因为空气中处于气态的水（水蒸气）过多所致。

下雨天，家中也存在着大量水蒸气！

● 水是善变之物

几乎所有液体在变为固体时，粒子会结合得更紧密。所以，同样体积比较的话，固体比较重。但是，水却是个例外。冰能浮于水面，说明冰比水轻。（其原因参见本书第18页"固体⇄液体⇄气体的变身"）

隐藏于液体

成人体重的60%、孩童体重的70%都是水。

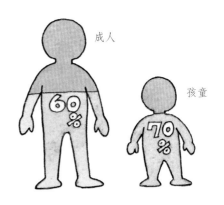

成人

孩童

食物中也含有大量水分。

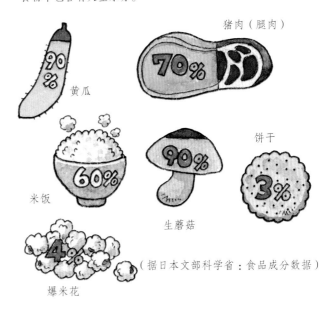

猪肉（腿肉）

黄瓜 90%

70%

米饭 60%

生蘑菇 90%

饼干 3%

爆米花 4%

（据日本文部科学省：食品成分数据）

水

岩石

冰

岩石

水变为冰后，体积会增加。岩石缝中渗入水后一旦结冰，会向外施加膨胀力，岩石也会随之破裂。

从微观世界入手解开"变身"之谜

除水之外,我们身边还可以发现许多物质的"膨胀""变色""溶解""生锈"等许许多多的不可思议"变身"。为了解开这些变身的谜题,我们有必要知道在肉眼观察不到的"微观世界"到底发生了些什么。

下面,为了让我们更加直观地了解微观世界的尺度大小(到底是一个多小的世界),就拿身边的一些微小的事物进行比对吧。

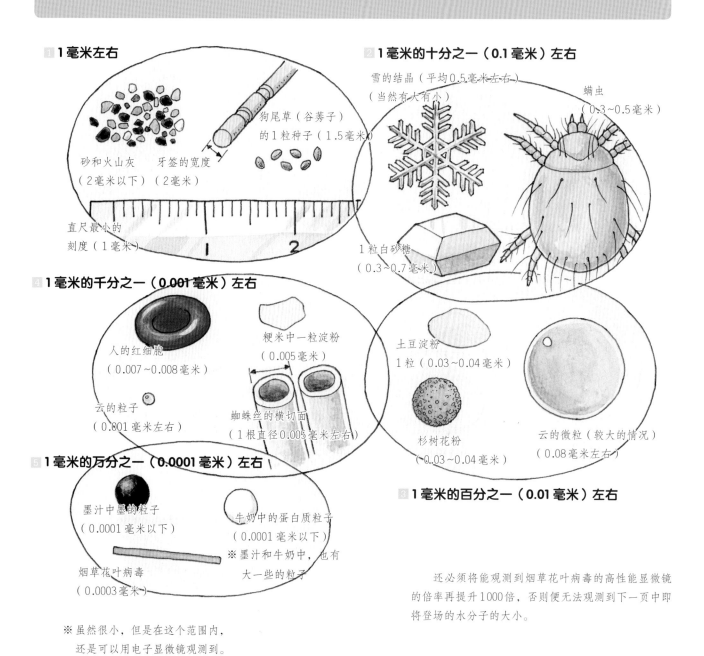

1毫米左右

砂和火山灰
(2毫米以下)

牙签的宽度
(2毫米)

狗尾草(谷莠子)
的1粒种子(1.5毫米)

直尺最小的
刻度(1毫米)

1毫米的十分之一(0.1毫米)左右

雪的结晶(平均0.5毫米左右)
(当然有大有小)

螨虫
(0.3~0.5毫米)

1粒白砂糖
(0.3~0.7毫米)

1毫米的千分之一(0.001毫米)左右

人的红细胞
(0.007~0.008毫米)

粳米中一粒淀粉
(0.005毫米)

云的粒子
(0.001毫米左右)

蜘蛛丝的横切面
(1根直径0.005毫米左右)

土豆淀粉
1粒(0.03~0.04毫米)

杉树花粉
(0.03~0.04毫米)

云的微粒(较大的情况)
(0.08毫米左右)

1毫米的百分之一(0.01毫米)左右

1毫米的万分之一(0.0001毫米)左右

墨汁中墨的粒子
(0.0001毫米以下)

牛奶中的蛋白质粒子
(0.0001毫米以下)

※墨汁和牛奶中,也有
大一些的粒子

烟草花叶病毒
(0.0003毫米)

还必须将能观测到烟草花叶病毒的高性能显微镜的倍率再提升1000倍,否则便无法观测到下一页中即将登场的水分子的大小。

※虽然很小,但是在这个范围内,
还是可以用电子显微镜观测到。

● 微观的世界

即便是性能绝佳的光学显微镜也观测不到的物质世界。在1毫米的千分之一(0.001毫米)以下,因为太过微小,我们用肉眼无法进行观察。

看不见的微观世界的主人公——分子和原子

微观世界的主人公是分子和比其更小的原子等极其微小的粒子。这些粒子时而聚集时而分离，有时还会相互碰撞，都会引起不可思议的变化。首先介绍一下这些粒子们。

分子

● 水是由水分子聚集而成的

将水慢慢放大观察，可以看到大量的水粒（分子）聚集。肉眼不可见的无数的微小分子聚集后，也就成了可以用肉眼观察到的"水"。

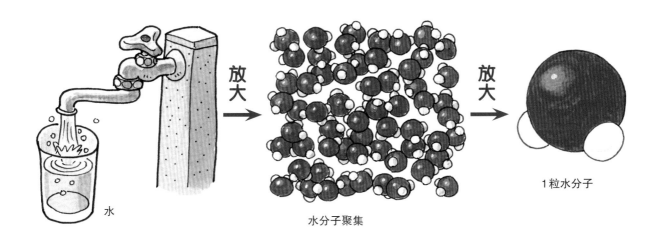

水　　水分子聚集　　1粒水分子

● 将水分子再放大……

试着将小小的水分子放大看看吧。这样，就能发现水分子其实是由更小的粒子聚集而成的。这种更小的粒子就是"原子"。水分子是由1个氧原子结合2个氢原子而成的。也就是说，可以总结出：

1个氧原子和2个氢原子结合构成的水分子大量聚集。

这就是水的真实面目。

水分子

氧原子

氢原子

1个氧原子和2个氢原子
结合，成为1个水分子

● 分子
　　构成"物质"的一种微小粒子。一粒一粒的分子，无论哪一粒，都和其所构成的"物质"具有相同的特性。
● 原子
　　构成分子的更微小粒子。原子通过化学键组合到一起，成为分子这种粒子。分子与组成分子的原子的特性不相同。

原子

●只由原子构成的物质

水是由氧原子和氢原子结合成的水分子聚集而成的。但是，并非所有物质都是由分子聚集构成的。例如1日元硬币。它是由铝原子大量聚集而成的物质。

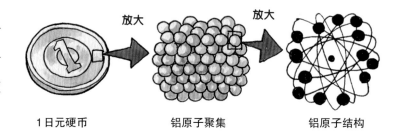

1日元硬币　　　　铝原子聚集　　　　铝原子结构

●探究原子的内部

让我们探究一下原子的内部吧。原子的中心是微小的原子核，周围有更小的电子围绕原子核旋转。原子核是由带有正电的粒子（质子）以及不带电的粒子（中子）组成的。质子的数量，依据原子的种类而定。

原子的结构

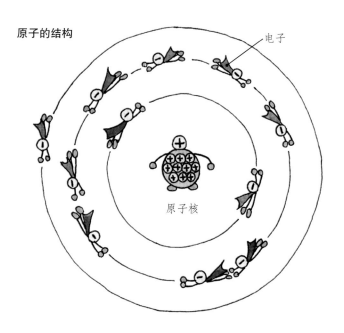

电子

原子核

- 质子⊕和电子⊖都带有相同的1个电量
- 1个原子中质子的数量和电子的数量相同

所以，一个原子中⊕和⊖是对应相等的。

- 原子本身不带电
- 原子中质子⊕和电子⊖相互吸引，所以电子绕原子核旋转。

●原子的大小

在最外侧旋转的电子所在的位置以内的范围，就是该原子的大小。种类虽各有不同，但是原子的体积通常是原子核大小的数万倍。比如碳原子，其大小就是碳原子核的3万倍。

如果将身高10厘米的我（小麻雀春太）比作原子核的话，那么最外侧的电子居然在1.5公里之外"旋转飞舞"。

相互结合的微粒们

微粒（原子）们，通过各种方式相结合，构成不同的物质。根据结合方式，有紧紧相连变身成为坚硬物质的情况，也有变身为易碎物质的情况。另外，也有数个原子结合成为分子的微粒，在空气中盘旋飞舞。微粒们到底是怎样结合起来的呢？

原子键

原子之间结合的方法主要有3种（"共价键""金属键""离子键"）。另外，原子内部也有不愿意结合的电子。

共价键　想要电子的原子

2个不想交出电子的原子，就一起使用该电子（即共有）。

> 借你的电子使使
> 不要！你借我电子用用才对！
> 电子 两边的面子都得给

相互争夺电子　　大家友好相处吧！

※ 共价键的例子：氧分子

金属键

金属原子大量聚集的话，那里的电子就脱离了原子的约束自由行动（称为自由电子）。自由电子在原子之间来回运动，束缚住原子。

> 金属闪闪发光就是我们自由电子来回运动的光芒释放后的结果。
> 我们是自由的！

※ 金属键的例子：铁

离子键　想交出电子的原子

某个原子向另一个原子交出电子。得到电子的一方负电荷增加带有负电，失去电子的一方负电荷减少带有正电。像这样，原子得到电子、失去电子后而带电的物质，被称为"离子"。阳离子和阴离子，会互相吸引。

> 我的电子给你啦
> 谢谢！
> +和−友好相处

电子减少　　　电子增加
带正电　　　　带负电
（阳离子）　　（阴离子）

※ 离子键的例子：食盐（氯化钠）

※关于离子，请参阅第2章"变色"的章节之一"离子是什么？"（第35页）

喜欢独来独往

也存在着"不愿结合"的原子。比如，氦原子等好像就是这样。氦在能在空中飘浮的气球和热气球中时常被使用。喜欢单独行事，不与其他原子发生反应，所以没有爆炸的危险（比氦还轻的氢，易与氧反应并发生爆炸）。

分子间相互作用力

由原子构成的分子，有时会一粒一粒散落在空气中飘舞，分子之间的作用力虽然存在差异，但许多分子的情况下大多会结合在一起。

氢键

水分子虽然是由1个氧原子和2个氢原子构成的，但是氧对电子吸引力大，氢的电子就偏向于氧。因此，水的分子内，氧带有负电，氢带有正电。如此正负相吸，水分子就结合在一起了。同理，电子偏向也能促使其他种类的分子结合。像这样，氢的电子偏向也能导致其他的分子结合，这种结合方式就统称为"氢键"。

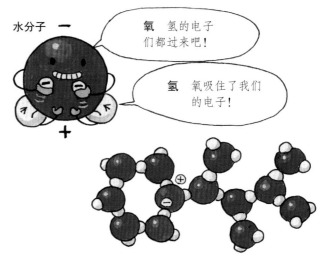

水分子间可通过氢键彼此结合的样子

弱相互作用力

电子无论处在何种温度和压力条件下，都保持着旋转运动。在分子中正负电荷重心偏向的瞬间，分子间会产生相互作用力，在此作用力下结合成一种较弱的状态。但是，这种结合比氢键弱得多，容易断开。

以这种方式结合的物质，分子间的连接一下子断裂，就由固体变化（升华）为气体。

（详情参阅第29页"干冰升华的原因"）

脆弱的连接

原子和分子的微粒时而聚集时而分离，电子在两边粒子间来回，或者是粒子间交换着电子。所以只要了解电子的动向，就可以解开变身的谜题。

第 1 章

膨胀・收缩・变形

任何一种物质都可以变身为固体、液体、气体。

物质变身时，体积会发生怎样的变化呢？

美味的松软类食物，是食材的哪一部分变身膨胀形成的呢？

物质膨胀、收缩、变形时，

原子和分子的运动方式以及结合方式都在变化。

固体⇄液体⇄气体的变身

我们身边的任何物质都可以在固体、液体、气体状态间互相转化。这时分子和原子发生了什么样的变化呢?

善变的水

水对我们来说是最亲近最熟悉的液体。它的形态变化多样（1个大气压下，0℃以下成为固体形态的冰，100℃以上为气体形态的水蒸气），隐藏在我们身边。但其实我们能实际见证水的固、液、气三种形态的机会非常少。而且水真的称得上是善变。让我们试着观察水和其他物体在固体和液体、液体和气体之间的转化，确认到底是哪个地方发生了"变化"。

水作为变身达人，到底是哪里变化了呢？

固体⇄液体的变身

物体呈固体状态时，分子、原子组成的微粒基本不运动。一旦固体受到能量影响，分子、原子组成的微粒开始运动，渐渐肆意游走。这就成了液体。与微粒们可以自由运动的液体相比，微粒运动很少的固体体积自然也小不少。

固体 分子整齐排列，基本不运动

液体 分子受到能量影响，自由运动

蜡和水的不同

在100℃以下加热蜡（固体），蜡会融化成为透明液体。液体的蜡再度变为固体后体积会如何变化呢？让我们做个小实验验证一下吧。

蜡

隔水加热就是，将放有材料的容器放入热水中，使放入的材料熔化

将蜡放入耐热的杯子中，受热后融化。

液体蜡

固体蜡

将熔化的蜡放置一天后，观察液体蜡凝固后的状态吧。杯子中的蜡好像被研钵捣过一样，中央部位呈较规律的倒锥形斜面凹陷状态。液体蜡冷却成为固体时，分子规则排列，体积因此变小了。

那么，水又会如何呢？水变为固体时，水分子呈六角形排列。这一现象与水分子中氧带有负电、氢带有正电有关（详情请参阅第16页"氢键"）。这一状态下正电荷和负电荷就像手拉手一样整齐排列，分子粒间的间隙也随之增大。所以，固态水的体积比液态水的体积要大。在相同体积的情况下，如果固体状态比液体状态时分子数要少，那么固体状态就变轻了。换句话说，冰可以浮在水上。这是水独一无二的特性。现在大家明白前面说水是"善变之物"的真实含义了吗？

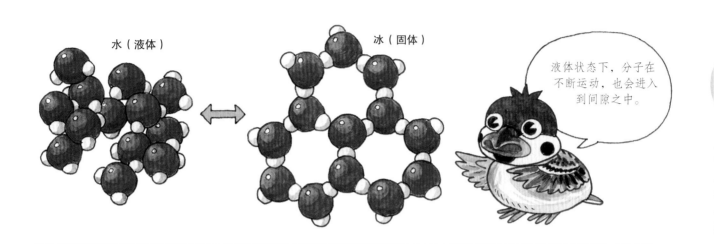

水（液体）　　　冰（固体）

液体状态下，分子在不断运动，也会进入到间隙之中。

冰的下方是温暖的世界

在北方，或者海拔很高的地方，一到冬天就会有大面积的池塘和湖泊结冰。也许大家不禁会产生这样的疑问"在很冷的冰下方生存的鱼类不会感到冷吗？"正是因为有了这层冰，池塘和湖泊中的生物在冬天才能"生机勃勃"。

漂浮在水面的冰起到了保温层的作用，冰下方的水出人意料得暖和，所以水中的生物们可以顺利过冬。如果冰比水还重的话，水面结冻的冰层会不断沉入水底，最终会导致池塘和湖泊全部冻结，生物也就无法生存了。

多亏了这层冰制的顶棚，水中的温度才不会降到0℃以下

冰的上方看起来挺冷的啊

液体⇄气体的变身

液体一旦受到能量影响，粒子们就会一粒一粒散落在空气中开始飘舞。这就是气体。

液体变为气体时体积会猛地增长。物质从液体变身为气体的温度，就是沸点。

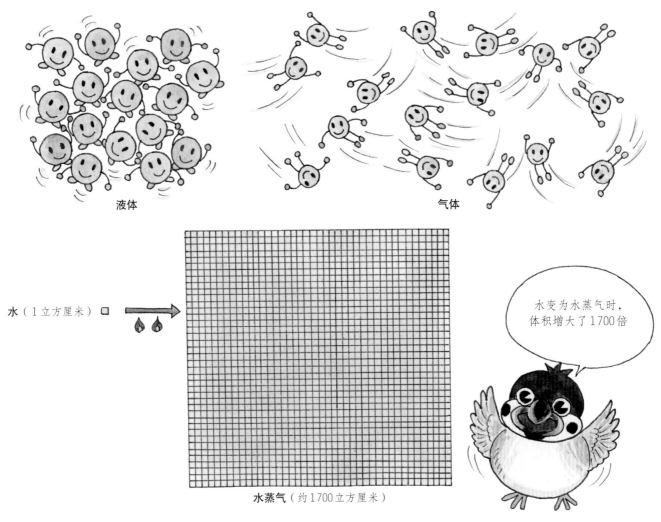

液体　　　　　　　　　　　　　　气体

水（1立方厘米）

水变为水蒸气时，体积增大了1700倍

水蒸气（约1700立方厘米）

液体变为气体飞入空气中时，必须要吸收能量。一般来说，比起大且重的分子，1粒小而轻的分子只需较少的能量就可以飞起。

轻的分子，只需少量能量，就能轻而易举地成为气体。

噗哧

较轻的分子

真重啊！大家快来帮忙！

较重的分子

分子的重量，由构成分子的原子的种类和数量决定。因为1粒原子的重量非常轻，不好表示所以科学家将碳原子（原子核中有6个质子和6个中子）的质量定为12。然后，其他原子的质量都以与碳原子相比较的值来表示。只有1个质子的氢原子质量最轻，计为1。

以此推算，水分子的质量为18（小数点后省略）。大致属于同一质量级别有甲烷分子（16）和乙烷分子（30）。那到底水、甲烷、乙烷的沸点高低顺序会依照它们的质量排列吗？然而并不会！甲烷是-164℃，乙烷是-89℃，而水的沸点是100℃，简直是远远高出了一大截。

水沸点高的原因

前面已经提及水的氢键。水分子通过相互间的氢键作用结合。水将要蒸发时，分子间相互作用力仍会起到作用，要使之分离就必须提供较大的能量。

水分子

小结

● 任何物质都可以实现固体⇄液体⇄气体的状态变化
● 水被称作"善变之物"的理由
① 同等体积相比，固体（冰）比液体（水）轻。所以，冰能够浮于水面之上。
② 与质量相接近的分子相比，水的沸点之高令人惊讶。

● 甲烷和乙烷
天然气中含有这两种气体。城市家庭中使用的燃气，其主要成分为甲烷。

膨胀后才美味的食物

烘烤后变得松松软软的年糕和平底锅烘制的松软松饼的膨胀原因并不相同。它们是如何膨胀的呢——让我们一探究竟吧。

年糕膨胀

烤过后年糕会"呼——"地膨胀起来。年糕为什么会产生膨胀呢？装在真空包装袋内的四方形年糕表面干而坚硬，而烤过后则变得松软。为何经过烘烤后年糕会变得如此可口呢？事实上是因为年糕中的水分子们活动变得频繁。

● **年糕的制作过程**

糯米蒸熟后放入臼中，用杵打年糕。和我们平时经常食用的"粳米"不同，"糯米"非常黏稠。

蒸糯米　　　　　用臼和杵打年糕　　　　将打好的年糕揉圆
　　　　　　　　　　　　　　　　　　　　成团，或等变凉后切片

构成年糕的分子

粳米和糯米都是由大量葡萄糖分子聚集而成的"淀粉"构成。米的淀粉中，分子形状分为短而直的直链淀粉和树状长条的支链淀粉两种。

糯米的淀粉基本是支链淀粉，这就是其黏稠的真相。糯米的分子很长，多为树状的支链淀粉，因为盘根错节近似网状结构，可以伸缩自如，所以非常黏稠。

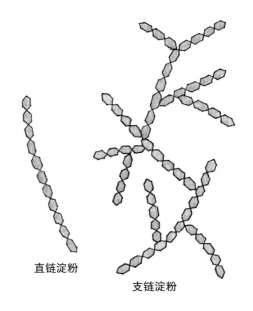

直链淀粉

支链淀粉

● **淀粉**

植物的叶通过光合作用产生的物质。作为养分为种子和根等部位储藏。像淀粉这样由较小的分子结合而成的较大分子被称为高分子（关于高分子的介绍，请参阅本书第5章"结合"的内容）

松软的年糕·坚硬的年糕

经过捶打的温热年糕内含有大量水分。这时，淀粉呈树状展开。这被称为"α淀粉"。树状分子的间隙中有大量的气体水分子（水蒸气）进入。

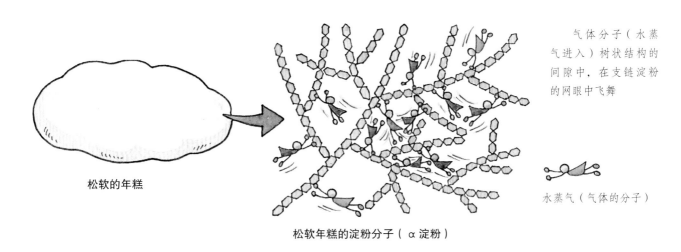

松软的年糕

气体分子（水蒸气进入）树状结构的间隙中，在支链淀粉的网眼中飞舞

水蒸气（气体的分子）

松软年糕的淀粉分子（α淀粉）

年糕变凉后，淀粉的树状分子相对封闭，变硬。这被称为"β淀粉"。其实表面干燥变硬的年糕切片中仍留有大量水分。从真空包装袋中取出的年糕会很快发霉，就是保留有大量水分的缘故。

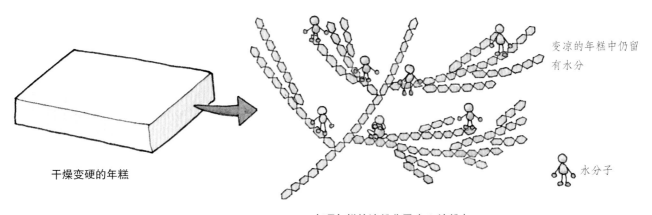

干燥变硬的年糕

变凉的年糕中仍留有水分

水分子

变硬年糕的淀粉分子（β淀粉）

年糕膨胀的原因

年糕经过烘烤会膨胀，变得松软美味，是因为年糕中的水分遇热，变为气体（水蒸气）。如第20页所介绍的那样，水蒸发后变为水蒸气，体积大约增长了1700倍。值得一提的是，烤过的年糕再度冷却，仍然会变硬。

松饼膨胀

松饼也会膨胀,但和年糕膨胀稍有不同。是哪方面不同呢? 为了得知答案,我们有必要了解松饼的材料和做法。

●试着制作松饼吧

(材料) (2人份)

面粉:200克　苏打粉:小小勺的三分之一　白糖:2大勺

蛋:1个　牛奶:200毫升

(做法)

1. 向金属容器中放入面粉、苏打粉、白糖、蛋及牛奶,并充分搅拌,做出大致形状。
2. 平底锅内倒入少许油,放入松饼,小火烤。
3. 2~3分钟后表面会滋滋冒泡,随即翻面。
4. 可用竹签测试松饼是否熟透,如果拿出来的时候是干净的,那就表示烤好了。

松饼膨胀的原理

解开松饼膨胀之谜的关键,在于制作松饼的材料"小苏打"。

烤松饼时,混入松饼材质中的小苏打遇热分解成碳酸钠、二氧化碳和水蒸气。被束缚在面粉淀粉分子网眼中的二氧化碳有向外飞出的倾向,在松饼内剧烈运动,松饼随之膨胀。作法第3步中滋滋冒出的气泡,就是从松饼材质中逃跑的二氧化碳。

开始冒泡后,为了不再让二氧化碳逃走,可在此时将松饼翻面,这样就可以封住二氧化碳的气泡,松软的松饼就制成了。

二氧化碳

烤制松饼时,二氧化碳分子从一个个的气孔中不断飞出

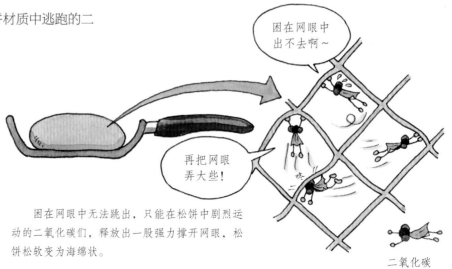

困在网眼中出不去啊~

再把网眼弄大些!

困在网眼中无法跳出,只能在松饼中剧烈运动的二氧化碳们,释放出一股强力撑开网眼,松饼松软变为海绵状。

二氧化碳

小苏打是什么?

　　小苏打的学名是"碳酸氢钠",很明显含有钠、氢、氧、碳这4种原子。将碳酸氢钠加热,可以分解为碳酸钠、二氧化碳和水。

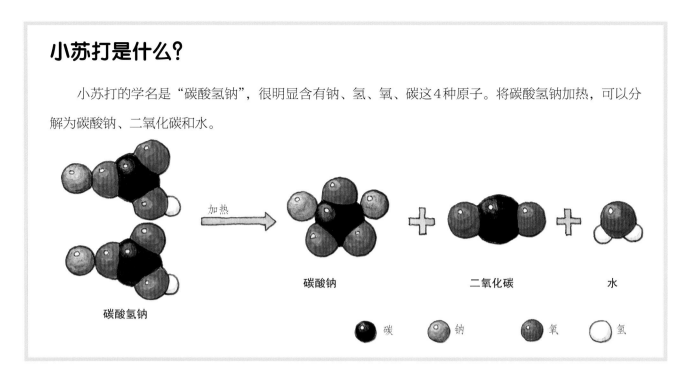

碳酸氢钠　　加热→　　碳酸钠　＋　二氧化碳　＋　水

● 碳　　● 钠　　● 氧　　○ 氢

也有其他点心因为含二氧化碳而膨胀

　　节日时大家看到过轻目烧[①]是怎么做的吗? 加热放有一点点白糖的水,再加入小苏打,会噗噗地冒泡膨胀凝固。这个气泡就是遇热后分解出的二氧化碳。

● **制作轻目烧的步骤**

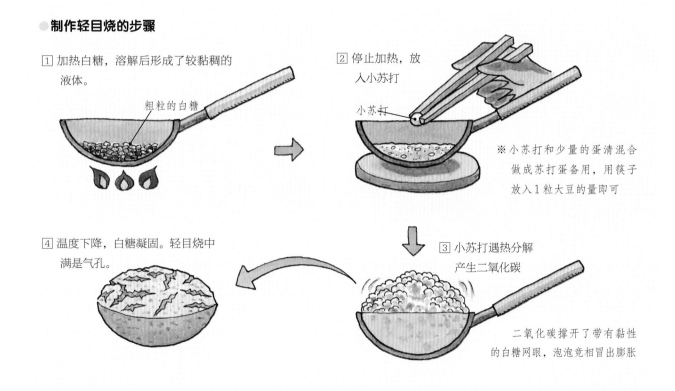

① 加热白糖,溶解后形成了较黏稠的液体。

粗粒的白糖

② 停止加热,放入小苏打

小苏打

※小苏打和少量的蛋清混合做成苏打蛋备用,用筷子放入1粒大豆的量即可

③ 小苏打遇热分解产生二氧化碳

二氧化碳撑开了带有黏性的白糖网眼,泡泡竞相冒出膨胀

④ 温度下降,白糖凝固。轻目烧中满是气孔。

---

① 粗点心的一种,在日本祭典或者庙会上摆摊的地方偶尔能看到。直径10厘米,厚度4～5厘米。点心的中央有像"龟甲绫纹"一样的椭圆形鼓起。该叫法来自葡萄牙语的甜食"caramelo"。——译者注

其他原因产生的膨胀

除去年糕和松饼之外，遇热膨胀的食物还有很多。例如，关东煮的材料鱼肉山芋饼。放入锅中加盖加热，锅内材料会迅速变大膨胀（打开盖，又会迅速干瘪下去）。这是因为鱼肉山芋饼构造类似海绵，拥有大量含有空气的间隙。

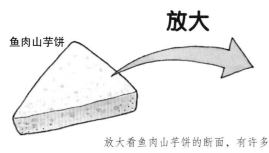

放大

放大看鱼肉山芋饼的断面，有许多气孔，可以判断是类似海绵的一种构造

周围空气升温，鱼肉山芋饼中的空气分子们运动频繁，撞上了像海绵一样的鱼肉山芋饼，让后者膨胀起来。过度膨胀后，鱼肉山芋饼的一部分就破裂开来。停止加热，鱼肉山芋饼中的空气冷却，空气的分子的活动也慢慢变慢，饼就会干瘪定型。

总结

年糕
内部的水分变为水蒸气所以膨胀

松饼
固体的苏打遇热分解产生二氧化碳引起膨胀

鱼肉山芋饼
进入内部的空气遇热剧烈运动引起膨胀

干冰消失了吗?

在附近的店里买了冰激凌，箱中装有干冰。本以为将这干冰放入冰箱内就不会融化，不曾想它不知道什么时候消失了。这是怎么回事？让我们慢慢接近干冰消失的真相。

冰冷的二氧化碳固体

干冰是二氧化碳冷凝后的固体形态。和冰（水的固体）不同，几乎不会弄湿周围，因此得名"干冰"。干冰的温度竟然有-79℃。因为远比冰要冷，所以需要在较低温度下运输冷冻食品、蛋糕等物品时，干冰常被作为保冷剂使用。可是一般家用冰箱内温度在-20℃左右，远比干冰的升华（熔点）温度高。换言之，如果不是特制的冰箱就无法用来保存干冰。

从干冰那飘起的烟雾状的气体，是空气中水蒸气遇冷形成的水珠。

干冰大变身!

干冰虽由二氧化碳的分子聚集而成，但是分子之间的结合非常松散。干冰遇热之后分子运动活跃，跳过液体环节，直接变为气体（二氧化碳）飘散在空气中。所谓的干冰消失其实就是这样的一个过程。严格意义上，干冰并非消失，而是由固体变身为气体，我们将这样的变身称作升华。

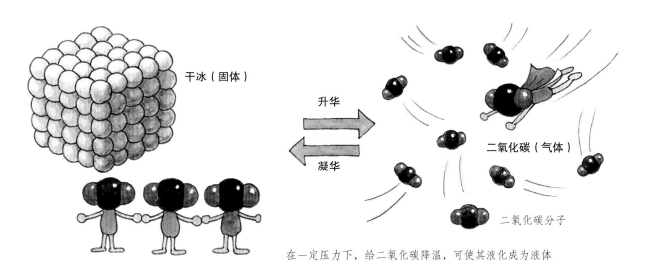

干冰（固体）

升华

凝华

二氧化碳（气体）

二氧化碳分子

在一定压力下，给二氧化碳降温，可使其液化成为液体

●升华
固体跳过液体状态直接变为气体的过程。气体直接变为固体的过程被称作凝华。像干冰这样升华的还有碘、防蛀剂（萘、对二氯苯）等。

干冰灭火实验

前面提到，干冰并非消失而是变身成为气体而难以寻觅其踪迹。让我们通过一个实验验证寻觅它的踪迹吧。我们知道，干冰升华后产生的二氧化碳气体比空气重，可以沉积于杯子底部。二氧化碳不参与常见物质的燃烧，所以将杯底的气体倒在蜡烛之上可以熄灭烛火。

 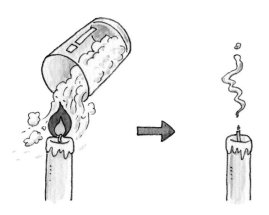

往杯中倒入干冰颗粒，无须加盖，二氧化碳沉积杯底

将杯底的气体（二氧化碳）倒在烛火之上，烛火熄灭！

注意：请不要在密闭的房间内进行该实验，二氧化碳比空气重，会沉积于房间的较低位置挤走这部分的空气。有儿童和老人在场时会十分危险，请务必注意！

膨胀的塑料袋

干冰变为气体后体积大约是固体状态时的750倍。将干冰放入塑料袋内，紧紧扎住袋口，不让袋内二氧化碳跑出，让我们来看看这个实验的过程和结果。

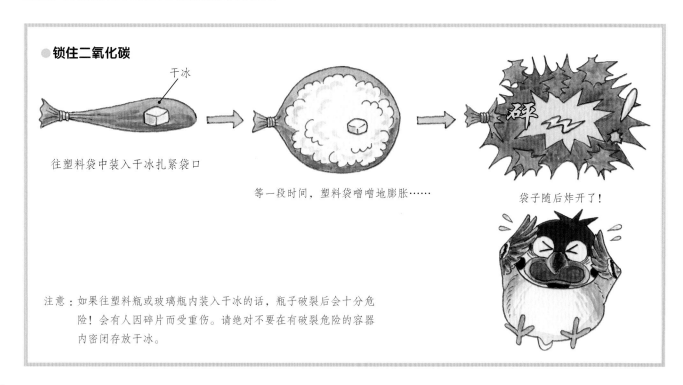

●锁住二氧化碳

干冰

往塑料袋中装入干冰扎紧袋口

等一段时间，塑料袋噌噌地膨胀……

袋子随后炸开了！

注意：如果往塑料瓶或玻璃瓶内装入干冰的话，瓶子破裂后会十分危险！会有人因碎片而受重伤。请绝对不要在有破裂危险的容器内密闭存放干冰。

干冰升华的原因

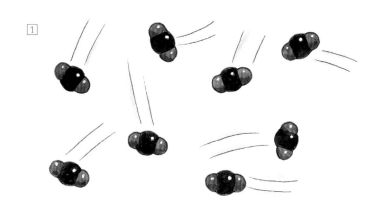

1

二氧化碳分子由氧原子和碳原子紧密结合而成。在我们生活中的正常温度下，二氧化碳分子们并没有"成群结队"抱在一起，而是各自在空气中自由飞舞。

二氧化碳分子

（● 碳　● 氧）

② 位于二氧化碳分子中心的碳和两侧的氧，各提供2个电子，以共有的形式结合（共价键）。

● 是氧和碳共有的电子

③ 电子们一直在高速运动中，所以分子中有时会出现电子偏向某一侧的原子。这时，电子聚集处为 ⊖ 电荷，电子减少处则带有 ⊕ 电荷。

这就是右图中分子间作用力较弱的原因　少量负电 ⊖　少量正 ⊕

④ 分子旋转运动时，①中提到的分子即便想和周围分子结合也是极其困难的。

⑤ 逐步冷却二氧化碳，分子运动变缓。但电子丝毫不受温度影响，仍一如既往地旋转，分子中的电子偏向的瞬间会对周围的分子产生吸引力，于是他们便结合起来。

⑥ 结合后的分子 ⊕ 和 ⊖ 相互靠近，电子产生很小幅度的偏向而产生微弱的作用力，成为固体。这样，干冰就诞生了。

⑦ 一旦温度升高或压力降低，分子又会活跃起来，微弱的作用力随之消失，一下子又变回了气体。

美丽的结晶

结晶，就是原子、分子、离子按一定的空间次序排列而形成的固体。白糖、盐、雪等就是典型的结晶代表，但金属和蛋白质等物质鲜有成为结晶的例子。

各种各样的结晶

水在温度下降到一定程度的时候便会变为固体。这个过程中，水慢慢结冰，结晶随之形成。雪是天然的水结晶，大多呈六角形。其他也有像立方体一样的结晶（盐），还有顶端突出呈六棱柱状的结晶（水晶），还有8个面都是正三角形的结晶（明矾）等，结晶的形状可谓多种多样。

结晶是原子、分子、离子按规律排列而成的，拥有美丽的形状。

雪的结晶

食盐的结晶

水晶的结晶

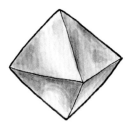
明矾的结晶

结晶是这样形成的

结晶是液体经过一定时间变为固体时定型而成，因为经过了一定时间，原子、分子、离子的微粒得以有规律地排列。

例如向很浓的白糖水中投入细小的白糖颗粒，就能形成白糖的结晶。本书中最初提到的粗糖就是这样一粒一粒的小结晶。而很大的结晶就是冰糖。

与上述情况相反，也存在原子、分子、离子的微粒呈不规则排列的固体，我们将其称作"非晶体"。说起白糖，还有一种名为鳖甲糖的糖果。鳖甲糖是熬煮浓糖水趁热放入模具，再冷却后制成。

同是白糖制成，冰糖是晶体，鳖甲糖是非晶体。用放大镜和显微镜观察，可以看出粗糖也和冰糖一样，拥有美丽的结晶形态。

根据结合方式而变化的结晶形状和颜色

结晶的形状和颜色会随构成物质的原子、分子等粒子的种类和粒子的结合方式与排列方式不同而变化。比如盐是由离子键结合而成的，是立方体结晶。

食盐的结晶

盐，是由离子键结合成的固体。钠离子和氯离子等距离地交错排列结合而成

氯离子

钠离子

美丽的晶体——结晶的形状

水晶、黄铁矿、石榴石及萤石等自然形成的矿物，也有许多形状美丽的结晶。矿物的结晶，是矿物在地下被水溶解，再缓慢析出而成的。

水晶

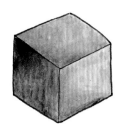

黄铁矿

石榴石

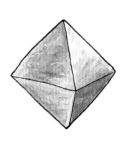

萤石

矿物的结晶中，云母和方解石拥有朝一定方向破裂分离，而且裂成的形状相同的特性。这种特性被称为解理。结晶形成时，某些方向化学键较薄弱时就会出现这种情况。

实验1

将方解石敲为碎片，观察其碎片都成为何种形状。

方解石的结晶

小碎片的形状都一样

方解石：像火柴盒倾斜后的形状，透明的石块

实验2

试着用牙签和针，揭下云母薄片。

比纸还薄！

云母的结晶

云母：别名"千层石"

钻石与石墨——同素异形体的故事

钻石与石墨都是碳以共价键构成的结晶但是这两种物质从外观到形状、特性，都截然不同。像这样，由同一种原子构成，但原子结合方式不同而拥有截然不同性质的现象，被称为"同素异形体"。

钻石结晶（左）
石墨结晶（右）

通过对比两者的结晶构造图可以发现，两者的结晶结合方式差异很大。钻石结晶在各个方向以均等强度结合。因此，施以强力，也不易变形（钻石是自然生成的最坚硬物质）。而石墨的结晶体呈六边形层状结构。有细纹理的方向十分脆弱，极易剥离、错位。但凭借这一特性，铅笔芯（材料为石墨）才能在纸面上流畅滑动、书写。

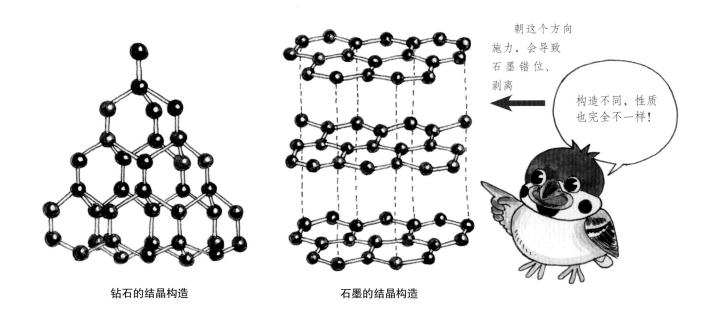

朝这个方向施力，会导致石墨错位、剥离

构造不同，性质也完全不一样！

钻石的结晶构造　　　　　**石墨的结晶构造**

咦，形状竟然一样

金和钻石，以及引起植物病害的烟草花叶病毒。三者的共同点是什么？——答案就是三者的结晶形状相同。全部都是正八面体形状，8个面都是正三角形。

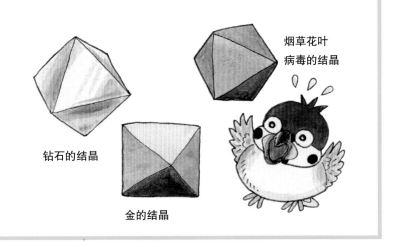

烟草花叶病毒的结晶

钻石的结晶

金的结晶

第 2 章

变色

夏日夜空中绽放的绚烂烟火，秋季尽染红妆的树叶，还有七彩的肥皂泡泡。

在我们身边随处可见这样许许多多的显色、变色的情形。

这时，原子和分子的世界中，发生了什么呢?

本章中，我们将注意颜色和光之间的关系，观察一下变色的情况。

牵牛花的染色水由红变蓝!

夏日点缀庭院的牵牛花十分美丽。将其花瓣放入水中搅拌，会得到紫色的染色水。但在其中放入醋的话会变红，放入小苏打水的话则会摇身一变成蓝色!

牵牛花。放入水中搅拌，会得到
紫色的染色水。

中间的是染色水原液（紫色）。左边的红色水加了醋。右边蓝色
的是加了小苏打水。颜色变化不可谓不大。

最初的染色水呈紫色，是因为花瓣中含有被称作花青素的"色素"（关于色素，请参阅本书第52页"色素着色"章节）。该色素溶于液体中，根据该液体的性质变色，放入醋和小苏打的液体，与之前的染色水有何不同呢? 让我们将目光投向"氢离子"和"氢氧根离子"吧。

了解液体的性质

液体可以呈现"酸性"、"中性"和"碱性"三种性质。

比如液态的水是由水分子构成的。但是大约每6亿个水分子中有1个水分子，分成了带正电荷的氢离子和带负电荷的氢氧根离子。普通的水中氢离子和氢氧根离子的数量相同。这就表明，正电荷和负电荷相互抵消，液体的性质为"中性"。

而放有醋的液体，醋酸等酸分解为带正电的氢离子和带有负电的离子，氢离子得以增多。像这样氢离子多于氢氧根离子的液体显"酸性"。加入小苏打的液体，小苏打从水中夺取了氢离子，氢氧根离子增多。像这样氢氧根离子多于氢离子的液体呈"碱性"。

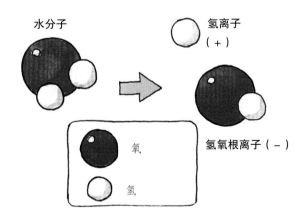

水分子由1个氧原子和2个氢原子构成。解离为离子时，就成了氢离子显酸性，氢氧根离子显碱性的依据。

离子是什么?

在介绍原子的章节（第14页），我们已经了解到原子中心的原子核包含带有正电荷的粒子（质子），其周围环绕有带有负电荷的粒子（电子）。原子核中的正电荷粒子（质子）和周围环绕的负电荷粒子（电子）在一般情况下数目相同。

但原子有时放开了自己拥有的电子，有时从外接收了电子。因此，有时带有正电，有时带有负电。

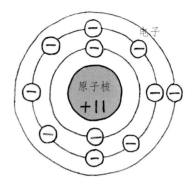

钠原子。一般情况下，原子核中正电荷为11个，周围有11个负电电子绕着旋转。

阳离子

放开电子的原子，所带正电荷粒子数目多于负电荷粒子。这被称为"阳离子"。

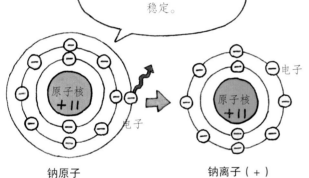

我选中外侧的1个电子，交给需要的人，这样我更稳定。

钠原子　　　　钠离子（＋）

阴离子

接收电子的原子，所带负电荷粒子数目多于正电荷粒子数。这被称为"阴离子"。

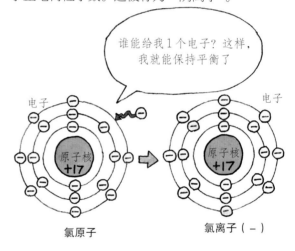

谁能给我1个电子? 这样，我就能保持平衡了

氯原子　　　　氯离子（－）

氢氧根离子　　〇 氢离子

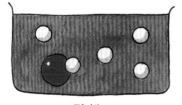

酸性

氢离子数量比氢氧根离子数量多

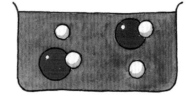

中性

氢离子数量和氢氧根离子数量相等

碱性

氢氧根离子数量比氢离子数量多

酸和碱为什么会引起颜色的变化？

牵牛花的色素花青素在酸碱度为中性时呈紫色。因为花青素的结构只能反射紫色的光。如果该液体变为酸性氢离子增多，氢离子附着于花青素。附着氢离子的花青素形状改变，只反射红色的光，所以我们看见了红色的染色水。如果该液体变为碱性，氢氧根离子增加时，附着有氢氧根离子的花青素形状也为之改变，只反射蓝色的光，所以在我们眼中就成为了蓝色。

色素的形状稍微改变就能改变吸收光、反射光的种类（波长），所以我们看见的色彩也变化了（详情参照本书第51页的专栏"什么是颜色？"）。

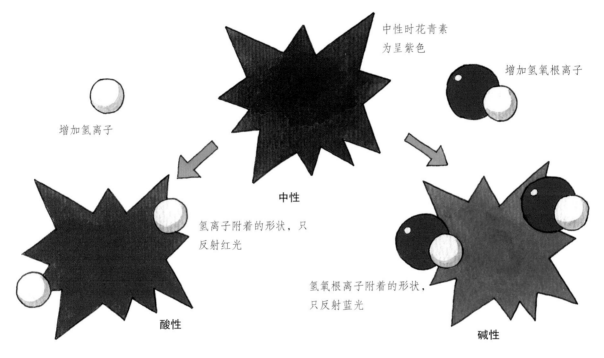

试着将酸性物质和碱性物质混合

将适量红色酸性液体和蓝色碱性液体混合，又会恢复到最初的紫色！这是因为呈现酸性的氢离子和呈现碱性的氢氧根离子反应，溶液中氢离子和氢氧根离子的数量又相等了，恢复了水的中性。像这样，酸性和碱性的液体混合时，互相消除彼此特性的过程被称为中和。

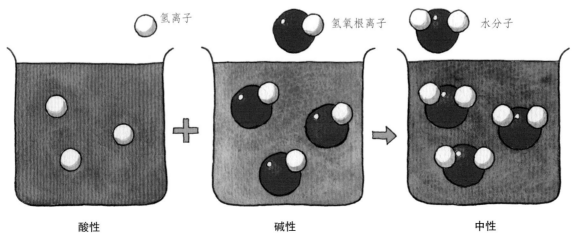

酸性·碱性也有强弱之分

以同样的液体量进行比较，液体中含有氢离子的数量越多酸性就越强，同理，含有氢氧根离子数量越多则碱性越强。以pH值表示其浓度的指数。pH值等于7为中性。自7以下酸性越来越强，自7以上则碱性越来越强。

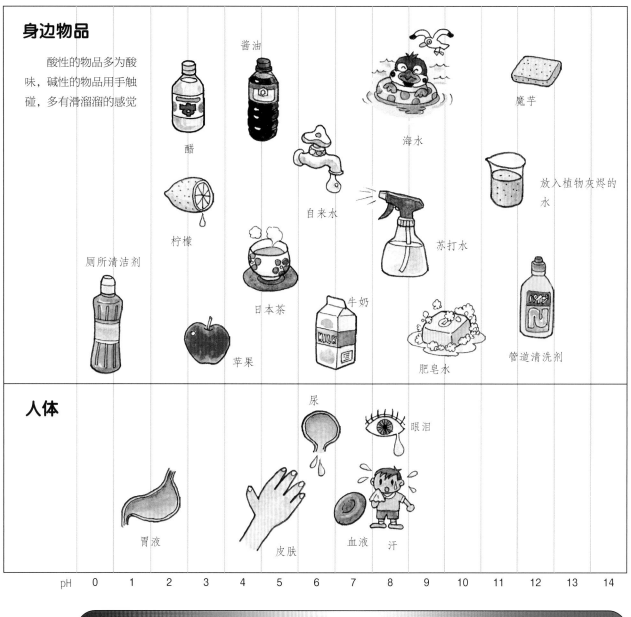

身边物品

酸性的物品多为酸味，碱性的物品用手触碰，多有滑溜溜的感觉

醋　酱油　海水　魔芋

柠檬　自来水　放入植物灰烬的水

厕所清洁剂　日本茶　苏打水

苹果　牛奶　肥皂水　管道清洗剂

人体

胃液　皮肤　尿　眼泪　血液　汗

pH　0　1　2　3　4　5　6　7　8　9　10　11　12　13　14

酸性　中性　碱性

强　强

强酸性和强碱性液体会灼伤皮肤，绝对不能直接用手接触！

追踪树叶变红之谜

深秋时节，寒意渐浓。此前一直是绿色的枫树和樱树的叶子变身为红色和黄色。那么，让我们探究一番红叶的秘密吧！

树叶变红的过程

我们知道，叶子一般是绿色的。叶子通过蕴含的叶绿体吸收光能，进行光合作用。叶绿体中含有绿色的叶绿素和黄色的胡萝卜素。平时叶绿素多于胡萝卜素，呈现出绿色。

气温逐渐下降，叶子有掉落的趋势，叶和枝的交接处开始形成薄壁。薄壁形成后，根部吸收的水分很难再输送到叶子，绿色的叶绿素被破坏。而黄色的胡萝卜素与叶绿素相比寿命更长，所以叶子呈现出黄色。

此外，树叶制造的养分平时会输送给生长旺盛的部分或者果实，但形成薄壁后养分开始储藏于树叶。堆积之后与树叶中的蛋白质发生反应，生成被称为花青素的红色色素。叶子的颜色就是这样由绿变黄，然后变红。

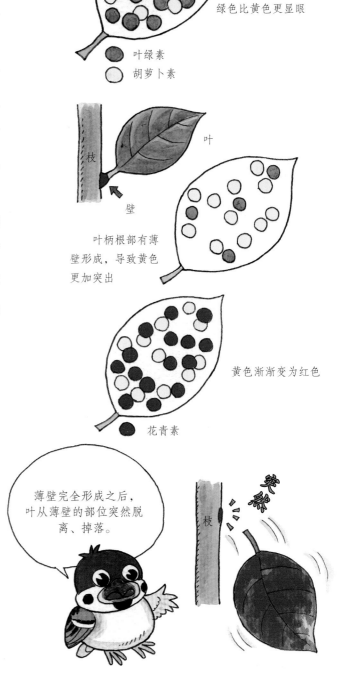

绿色比黄色更显眼

● 叶绿素
○ 胡萝卜素

叶

枝

壁

叶柄根部有薄壁形成，导致黄色更加突出

黄色渐渐变为红色

花青素

薄壁完全形成之后，叶从薄壁的部位突然脱离、掉落。

枫叶的颜色由绿色变为橙色，最终变成红色

38

叶的功能

叶主要有三大功能："光合作用""呼吸作用"和"蒸腾作用"。光合作用过程中，以气孔中吸入的二氧化碳和根部吸收的水为原料，在太阳光照射下将原料转化成养分。养分被输送至生长旺盛的部位和果实处。在此过程中形成的氧气就被当作副产品释放。而呼吸作用就是气孔中吸入氧气，排出二氧化碳。植物和动物一样都在进行着呼吸。蒸腾作用是将根部吸收的水以水蒸气的形式从气孔排出。通过蒸腾，可以带走多余水分，降低叶子的温度。

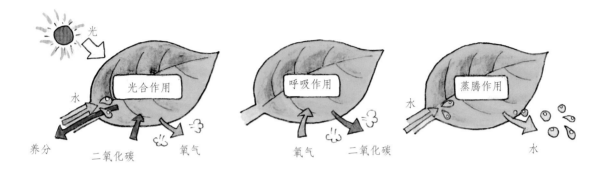

冬季为什么落叶？

冬季阳光减弱，光合作用变弱。加上土壤干燥水分减少，如果树叶还继续执行"蒸发"功能，会造成树木水分不足。所以，落叶树木的树叶脱落是为了尽可能地保证少流失养分和水分。

银杏叶不会变红的缘由

银杏叶并不会变红，在黄叶状态下便会落下。这到底是怎么一回事？一般情况下，银杏叶也是绿色的叶绿素多于黄色的胡萝卜素，所以显绿色。而气温降低后，叶绿素被破坏使得黄色突出。枫叶等树叶随后将会变红，但银杏并不含有生成花青素的蛋白质，所以不会变红，在黄叶状态下便四处飘落。

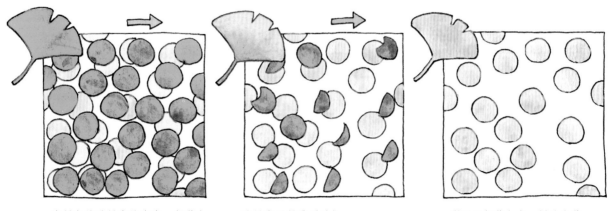

有绿色的叶绿素的存在，胡萝卜素并不引人注意　　叶绿素开始遭到破坏　　剩下了胡萝卜素，树叶变黄

树叶变红的好处是什么?

落叶之前为何须变红的理由也许大家并不了解。现阶段，下面的解释最具可能性。

绿色的叶绿素一般存在于叶绿体之中，气温下降后叶绿体被破坏，叶绿素也随之被排出叶绿体。这种状态下被光照射，叶绿素周围的氧气也开始变为危险的活性氧。活性氧可以破坏叶的细胞，对于树木来说是巨大威胁。

但叶绿素只有被蓝色光照射时会比较容易生成活性氧，只要遮住蓝色光就能在很大程度上抑制活性氧的产生。为了遮挡蓝色光叶子采取的对策就是"变红"。红色色素花青素可以吸收蓝色光，活性氧就难以生成了。

树木让树叶变红是否就是为了保护树叶呢?

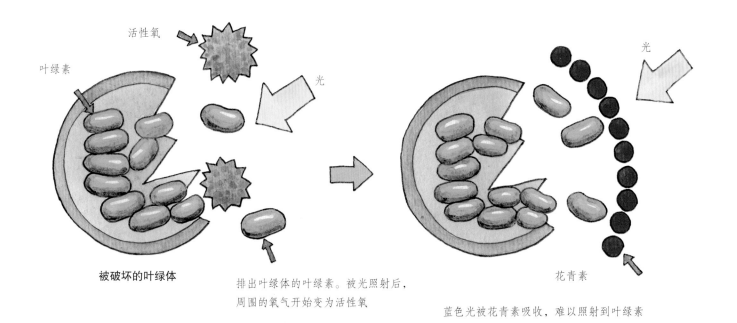

活性氧

叶绿素

光

被破坏的叶绿体

排出叶绿体的叶绿素。被光照射后，
周围的氧气开始变为活性氧

花青素

蓝色光被花青素吸收，难以照射到叶绿素

活性氧是什么?

活性氧是氧分子电子平衡崩溃后的不稳定产物（译者注：是由三个氧原子构成的氧分子）。为了使自身稳定，需要从其他物质夺取电子。通俗地说就是"氧化（生锈）"。动物和植物体内如果发生这种情况，细胞就无法发挥正常的作用，会导致各种各样的疾病。

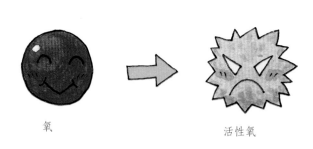

氧

活性氧

氧分子电子平衡崩溃后变身为不稳定的、具备危险性活性氧。

变红和不变红的树叶

在冬季的森林和公园里散步，有树叶变红之后全部落下的树木，也有四季常青的树木。一年中某些时段有落叶掉落的树木为落叶树，一年中终年常绿不枯的树木为常绿树。

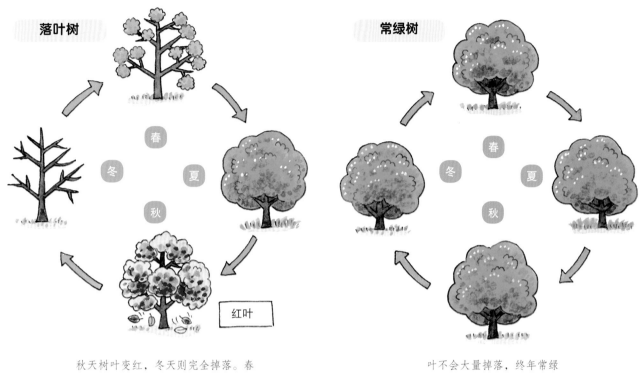

秋天树叶变红，冬天则完全掉落。春天萌生新芽，夏天枝繁叶茂，郁郁葱葱

叶不会大量掉落，终年常绿

不会大量落叶的常绿树多分布于较热或较寒冷的地区。较热地区的常绿树叶片厚，耐干燥；较寒冷地区的常绿树树叶的形状如针一样，很细且耐寒。与之相对，树叶较为稀疏的落叶树需要依靠落叶度过干燥或严寒的天气。为适应生长地区的气候情况，树叶的形状也在不断变化。另外，只有落叶树的树叶会完全变红。

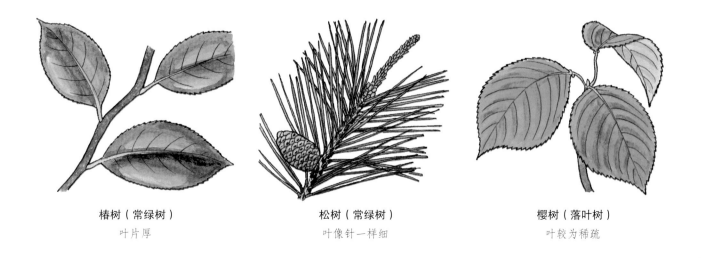

椿树（常绿树）
叶片厚

松树（常绿树）
叶像针一样细

樱树（落叶树）
叶较为稀疏

绚丽多彩的烟花

不论是点缀了夏日夜空的烟花，还是在庭院愉快玩耍的手持烟花——都能喷射出美丽的火焰。蕴藏在其中的原理是什么呢?

烟花的繁多种类

数一数，烟花的种类还真是不少。在烟花大会上我们就能看到在空中引爆的"礼花弹"，在地上布置精巧能展现形状和文字的"造型烟花"等。个人娱乐使用的玩具烟花除了线香烟花和吐珠烟花这类"手持烟花"，还有在地上供观赏的"喷花烟花"。

但是无论哪种烟花，其原理都基本相同，点燃混有金属的火药，可以喷出供观赏火苗的颜色和形状。根据所掺金属种类不同，点燃后会喷出颜色不一的火焰（比如锂是红色火焰、钠是黄色火焰），这就是焰色反应。烟花就是利用了焰色反应原理来制作的。

礼花弹烟花

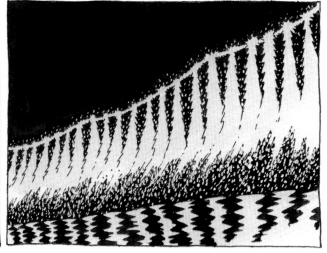

烟花造型

线香烟花

吐珠烟花　　　　　　　喷花烟花

焰色反应的过程

我们知道，原子的中心有原子核，周围有若干电子旋转。因为内圈的电子离原子核近，所以受到的吸引力大，能量低，较为稳定。而位于外侧圈的电子能量高，不太稳定。

通常状态下电子都按照各自轨道旋转，无法随意在轨道以外的区域旋转。但一直按照既定轨道旋转的电子也会受热，获得热能变得活跃以至于跳出外侧圈。然而外侧圈也不稳定，电子又会想着回到原来的轨道。当电子回到内侧轨道时，多余的能量便以光的形式释放出来。

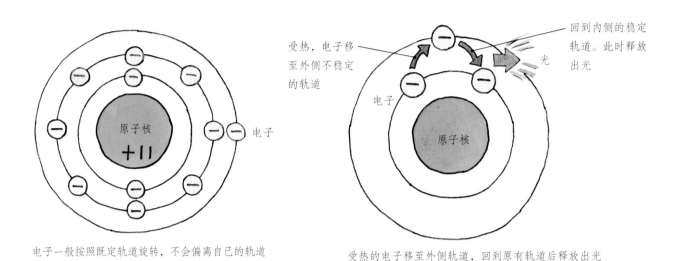

电子一般按照既定轨道旋转，不会偏离自己的轨道　　受热的电子移至外侧轨道，回到原有轨道后释放出光

发出多种颜色的秘密

诸如蓝色、红色、黄色等多种颜色的光是怎样发出的呢？

根据金属种类不同电子的移动方式也有所不同，发出光能的大小也有差异。光线会按照其能量大小显现出不同的颜色（能量高时为紫色，能量低时为红色）。所以，不同的金属能发出各自独有的光。

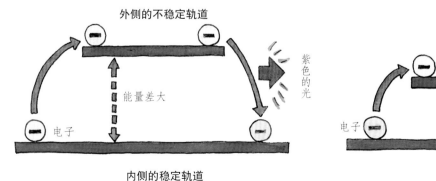

发出紫色光的原因是能量差大

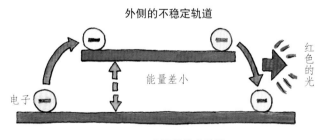

发出红色光的原因是能量差小

各种金属燃烧时发出的颜色

不同金属的焰色反应不同，会得到不同颜色的火焰，让我们看看它们燃烧后会产生哪种颜色吧。

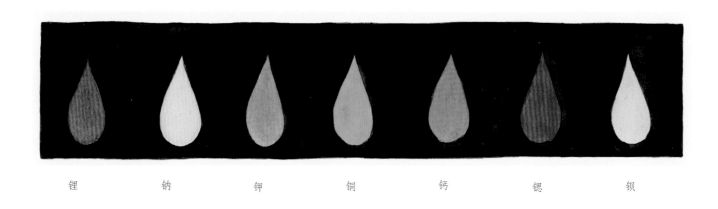

| 锂 | 钠 | 钾 | 铜 | 钙 | 锶 | 钡 |

燃放烟花背后隐藏的故事

　　一般烟花燃放都是依靠烟花弹之内装入两种火药：一种名为"爆炸药"，起到在空中抛射亮珠的作用；另一种则是圆形粒状的"亮珠"，其中含有金属成分。

　　说了这么多，让我们试着放一个吧。预先在燃放用的发射筒底放入发射用火药，并且将导火线朝下放置好烟花弹。向筒内投入火源点燃发射火药，依靠爆炸反应将礼花弹推送到空中。与此同时，导火索也被引燃，到达上空时爆炸药引爆，亮珠也在爆炸中四散。此时亮珠中的金属成分也被点燃，绽放出多姿多彩的火焰。

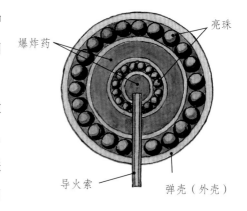

将礼花弹一分为二后所见

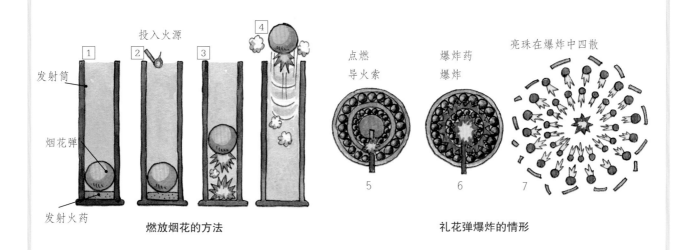

燃放烟花的方法

礼花弹爆炸的情形

削皮后苹果变为褐色!

切开之后的苹果白中透着些许黄色，放置一段时间后，切面就会变成褐色! 而且苹果在磕碰之后也会变成茶色。这是为什么?

苹果变为褐色的过程

苹果中含有多酚成分，而且还含有酚氧化酶成分。这两种成分平时各居一处，但切开或掉落碰撞后，两者就会相遇并发生反应。

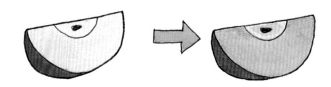

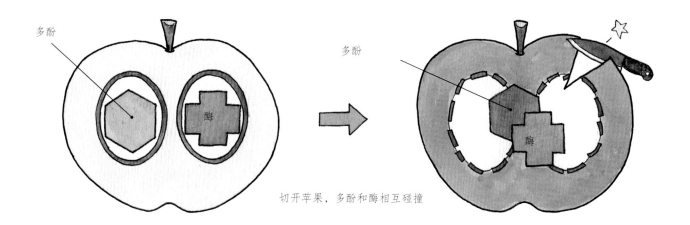

切开苹果，多酚和酶相互碰撞

被切开的苹果接触到空气后，多酚和氧气结合，在酶的作用下即发生"氧化"（关于氧化的知识，请参考本书第86页"'燃烧'和'生锈'是亲戚？"的内容）反应，生成了褐色的色素。所以苹果的切面会变为褐色。

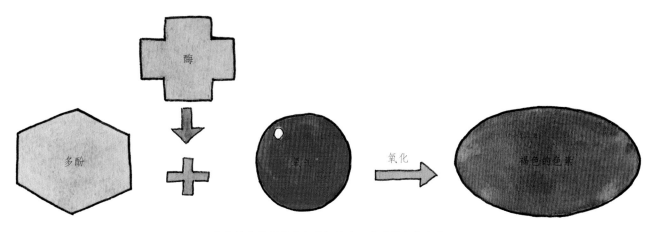

在酶的作用下多酚与氧气反应，生成褐色的色素

● 酶

　促进生物体内化学反应的物质。主要是由蛋白质构成，种类多种多样。

切面褐色化的只有苹果吗?

切面褐色化的不仅仅是苹果。富含多酚的水果和蔬菜，切面也很容易变成褐色。例如香蕉、桃子、牛蒡、茄子、土豆、莴苣及莲藕等。

多酚对活性氧（参考第40页内容）有抑制作用

防止褐色化的措施

将苹果放入水中，它就很难接触到空气中的氧气，不会变为褐色。如果放入柠檬水效果更佳。柠檬中的维生素C会早于多酚与氧气结合，难以生成褐色色素。放在盐水中也能起到一样的效果，盐可以抑制酶的作用，苹果也不会变为褐色。

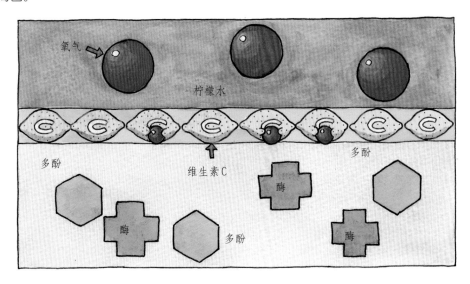

绿茶、乌龙茶和红茶

绿色的茶叶可以加工为冲泡后为褐色的红茶和乌龙茶的原理也和苹果变褐色的道理相同。不论是绿茶、红茶或者乌龙茶，其实都是由同样的茶叶制作而成的。采摘下的茶叶中含有的多酚，在酶的作用下发酵（氧化），生成了褐色的色素。

根据多酚的发酵程度不同，制作成的茶也不一样。多酚未经过发酵制作成的是绿茶。茶原叶的绿色也得以保留。红茶是经过完全发酵制成的，乌龙茶是发酵到半途停止后制成的。

鲜红血·暗红血

众所周知，我们体内流淌的血液是红色的。但大家知道吗？即便是红色也有鲜红色和暗红色之分。

血液的作用

人体的血液中富含红细胞这种红色微粒。红细胞就像没有中间空孔的甜甜圈，发挥着将氧气输送至人体全身的"运输车"作用。

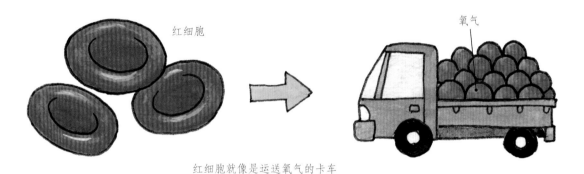

红细胞就像是运送氧气的卡车

血液的流动

氧气在肺部被装载至运输车（红细胞），通过血管被输送到全身。氧气是保证人体各脏器正常运作、维护生命机能的必要物质。

经过运输后携氧量逐渐减少的红细胞又经过心脏，然后回到肺部，在肺部再度充满氧气，然后输送至全身。

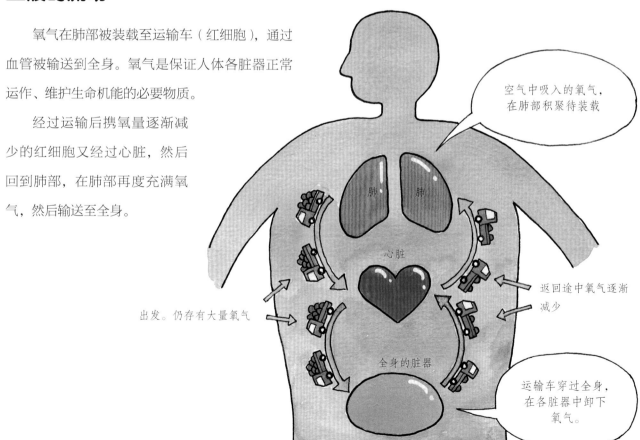

空气中吸入的氧气，在肺部积聚待装载

返回途中氧气逐渐减少

出发。仍存有大量氧气

运输车穿过全身，在各脏器中卸下氧气。

会变化的血液颜色

血液呈红色是因为红细胞中富含带有红色色素的血红蛋白。血红蛋白由血红素和珠蛋白构成。4个血红素的中心为铁离子，铁离子与氧气结合，红细胞才能发挥输送氧气的作用。

铁离子未与氧气结合时，血红素受珠蛋白牵引变弯。但与氧气结合时，又会被氧气牵引，血红素又变成笔直状态。在这种变形过程中，吸收或反射的光种类（波长）也会变动，显现出的颜色也随之变化。含氧量多的血呈鲜红色，含氧量少的血呈暗红色。

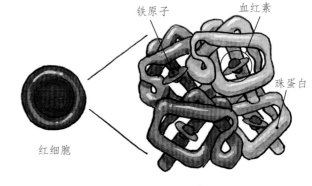

血红蛋白的构造
血红素中心的铁离子和氧气结合

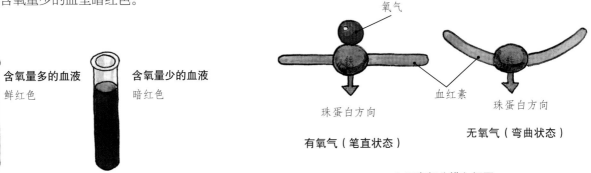

含氧量多的血液
鲜红色

含氧量少的血液
暗红色

有氧气（笔直状态）

无氧气（弯曲状态）

血红素部分横向视图

非红色的血

人类和鱼类、两栖动物、鸟类、爬行动物、哺乳动物等动物的血液中都含有血红蛋白，因此血呈红色。但也有拥有非红色血液的动物。虾、蟹、乌贼、章鱼和贝类的血液并不含有血红蛋白，取而代之的是血青蛋白。血青蛋白中的铜和氧气结合后呈蓝色，血液也自然呈蓝色。当然还有拥有无色透明血液的动物。

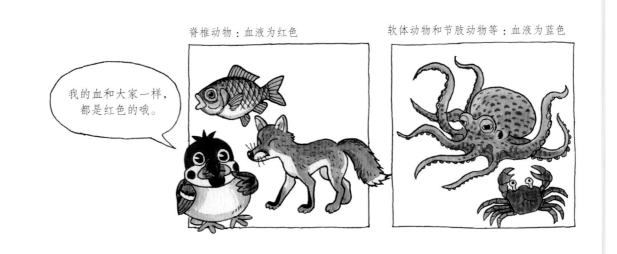

脊椎动物：血液为红色

我的血和大家一样，都是红色的哦。

软体动物和节肢动物等：血液为蓝色

五颜六色的泡泡

用吸管的一端蘸上肥皂水，使劲一吹，就可以吹出很多美丽的泡泡。受日光照射的泡泡，闪耀着七彩光芒。肥皂水本身无色，为什么泡泡却拥有彩虹一样的色彩呢？

薄膜干涉引起了颜色变化

泡泡是由薄膜包裹而成的。不论多薄，这层薄膜也有一定厚度，光照射上去，一部分的光会在膜的外侧反射，剩余的光会在膜的内侧反射。

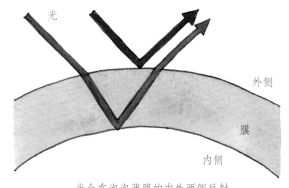

光会在泡泡薄膜的内外两侧反射

因为光和波拥有相同的特性，如果这样的2道光的波峰重合，重合后的光便相互加强变亮。如果波峰和波谷重合，光便相互减弱变暗。

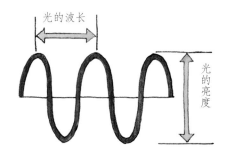

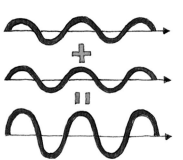

波峰与波峰重合，光相互增强变亮

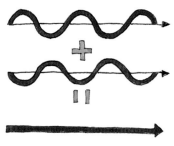

波峰与波谷重合，光相互减弱变暗

光根据其波长会显现不同的颜色。根据膜厚度不同相互加强的波长也不同，所以膜厚度不同显现的颜色也不同（颜色和光的关系，请参考本书第51页中"什么是颜色？"一栏）。

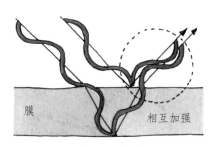

这个厚度下，蓝色变强

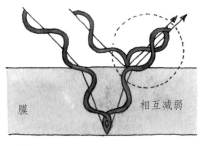

厚度变化，蓝色不能顺利重合，因此变弱

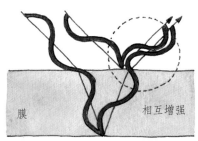

这个厚度下，红色变强

泡泡颜色变化的原理

泡泡的薄膜受自身重量影响产生向下的牵引力，所以泡泡上部分较薄，下部分较厚。再加上受到风等外部因素的影响，其厚度也会随时间变化而变化。所以，包含各种色彩的彩虹色外表，也在不断地变化之中。

无色的肥皂水能够变身成为彩虹色泡泡，这与泡泡薄膜密切相关。

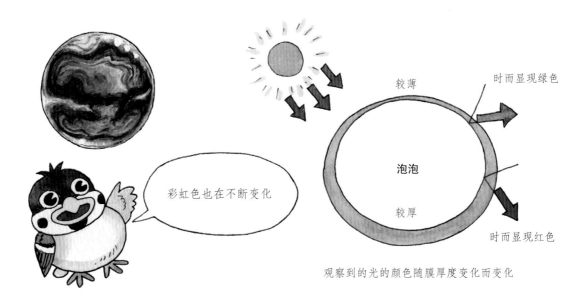

彩虹色也在不断变化

观察到的光的颜色随膜厚度变化而变化

泡泡薄膜的真面目

肥皂的分子兼具与水亲和的部分（亲水基）和与油亲和的部分（亲油基）。我们把这种能够同时与水和油亲和的物质称为表面活性剂（参照本书第64页"肥皂是大家的好朋友"的章节内容）。

泡泡的薄膜，如右图所示，肥皂的分子像三明治一样将水夹住。亲水基面向水这一侧，对面的亲油基则是整齐排列，面向空气这一侧。多亏了肥皂分子，水可以以薄膜形态在空中漂浮。

泡泡破裂是因为以下几个原因导致肥皂分子结合被切断，膜上有孔形成。

①过度膨胀，构成膜的肥皂分子不足。

②因为自身重量影响，导致泡泡的上部分过薄。

③撞上了空气中的尘埃。

④泡泡中的水分蒸发。

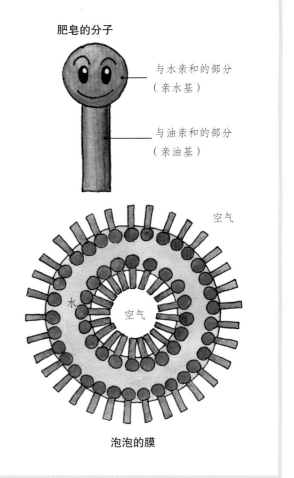

肥皂的分子

与水亲和的部分（亲水基）

与油亲和的部分（亲油基）

泡泡的膜

什么是颜色?

蓝天、绿树、红花……我们的身边，充斥着各种色彩。然而，颜色到底是什么?

光是感觉到颜色的必备条件

如果没有光，我们就无法感觉到物体的颜色和形状。在极其昏暗的环境下我们眼前一片漆黑什么也看不见，这难道不就是最直接的证据吗? 自身能够发光的太阳和电灯，光直接射入眼中，我们才能感知光的颜色。自身不能发光的物体，受到太阳或灯光的照射，反射的光射入我们眼中，我们也能感知物体的颜色。

电视机屏幕发出的光直接射入我们眼中

台灯的光通过苹果反射到我们眼中

颜色和光的关系

雨过天晴，天空中浮现的彩虹就是因为太阳光穿过雨滴时被分为7种颜色。虽然有7种颜色，但颜色间并没有界限，由紫色到红色，颜色呈连续性变化，看起来无色的太阳光，其实包含了彩虹色中7种颜色的光。人的肉眼可见的颜色仅仅是彩虹条中所包含的颜色。以波长来说就是大约在400~800纳米的范围间（这个范围的光被称为可见光线）。位于其外侧的紫外线和红外线均为不可见光。

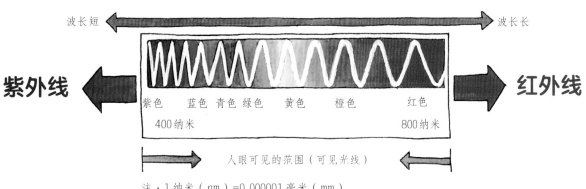

注：1纳米（nm）=0.000001毫米（mm）

光拥有和波类似的传播特性。光的波，就像海的波浪一样，既有翻涌的波浪，也有起伏不大的波浪。这样的波浪运动规律被称为"波长"。准确地说，波长就是一个波峰到下一个波峰之间的长度。

根据射入我们眼睛中光的波长不同，我们就看到不同颜色的光了。

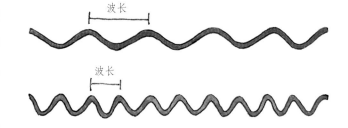

光根据波长呈现不同的颜色。红色的光波长较长，蓝色的光波长较短。

看见物体色彩的原理

为什么苹果看起来是红色的，大闪蝶看起来是蓝色的呢？物体呈现出颜色的原理，主要和色素与细微结构有关。让我们试着了解他们各自的奥秘吧。

● 色素着色

我们身边的颜色，大部分都是色素所带来的。所谓色素，就是吸收光的一部分，然后反射其另外一部分（译者注：吸收白光中特定波长的光，反射其他波长的光），使得物体显出颜色的物质。色素有许多种类，各自吸收、反射的光不同，呈现的颜色也不同。

以红苹果举例说明吧。苹果并非自身发出红色光。而是太阳光或灯光照射在苹果上面，苹果表面的红色色素吸收了红色以外的光，只反射剩下的红光。这样的红光映射入我们的眼睛，苹果就呈现出红色了。

光源　　　　　　　　　红色　吸收红色之外

只看得见反射的红色光

● 细微结构色

也有不依靠色素显现颜色的情况。光遇到薄膜、很小的起伏、极细微粒等细微构造，光的前进方向改变，颜色就随之显现。泡泡就是一个并不拥有色素，而是一个薄膜上显现颜色的例子（参照本书第49页"五颜六色的泡泡"）。

色素会因时间推移被破坏从而褪色，但依靠细微结构所呈现出的颜色不会褪色。

大闪蝶

规律的栅栏结构产生的色彩

CD和DVD

很小起伏产生的色彩

猫眼石

极细微粒产生的色彩

吉丁虫

数枚薄膜重叠产生的色彩

第3章

溶解

将白糖和盐放入水中……咦，消失了!

不存在了? 不是的，只是溶解于水而已。

明明存在却无法看见。溶解到底是怎么一回事呢?

本章中我们将学习可溶解物和难溶解物之间

到底有什么不同，如何才能溶解难溶解物。

坚硬的牙齿和岩石也是可以溶解的哦。

到底去哪了？

试着将白糖或盐放入水中溶解。搅拌之后，的确无影无踪。但是它们并没有凭空消失。尝尝水的味道吧。溶解了白糖的水甜，溶解了盐的水咸。

"溶解"这回事

消失得无影无踪的白糖和盐，溶解在了水中。那么"溶解"到底是怎么一回事呢？如果用专业知识解释，那就是"粒子们均匀地混合"。例如，放大白糖的水溶液，如右图所示。😊是水分子、🔴是白糖分子。

这时，能溶解的媒介物（水＝😊）被称为溶剂，被溶解的物质（白糖＝🔴）被称作溶质。另外，通过溶解过程形成的液体整体被称为溶液。

水是溶解的天才

在这个被称作地球的"水球"之上，蕴含着大量的水。同时，在地球上生息繁衍的生物都在利用水。这和水能溶解许多物质息息相关。氧气和营养可以溶于水中，被运送到动物的周身。植物也不例外，将叶子合成的营养成分运输到根部，根部汲取的物质又被输送到叶子，这两个过程中水都是必不可少的。如果水没有这样的溶解能力，营养就不能遍及全身，动物和植物都无法生存。

动物中的水

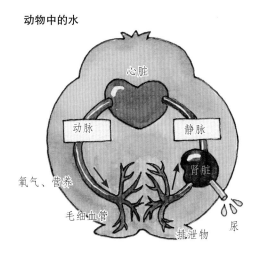

动物生存所必需的氧气和营养，由心脏出发溶解于扮演运输角色的血液，通过动脉被输送至全身。在此之后，血液会将体内的排泄物运送至肾脏，再通过尿液排出体外。

植物中的水

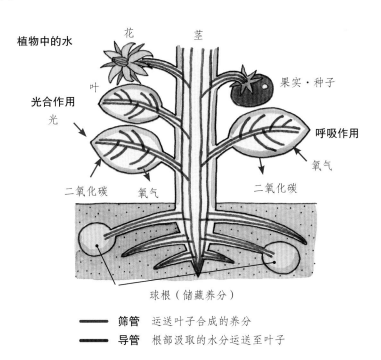

—— **筛管** 运送叶子合成的养分

—— **导管** 根部汲取的水分运送至叶子

溶解度会随水温变化？

首先，我们做一个简单的实验吧。在小锅中倒入水，再放入盐使其溶解。随后持续放入盐直至无法再溶解，此时将水温度升高或降低试试吧。溶解量会随着水的温度变化吗？

（需要准备的） 小锅 烧杯 温度计 厨房秤（弹簧秤）燃气炉 盐

锅中先倒入100克（100毫升）的水，再放入盐使其慢慢溶解。溶解的溶质（本实验中是盐）的量，以溶解度表示→对于100克溶剂（本实验中是水）来说，达到不能再溶解的状态时所溶解的溶质的质量被称为溶解度，这时的溶液被称为饱和溶液。盐在100毫升的水中大约可以溶解26克（水温在20℃左右的情况下）。

逐步添加盐

锅放置在燃气灶上加热其中的水，在水中逐步放入盐。明明已经不能再溶解了，但只要提升水温，就又能进行溶解了。如果关掉灶火一段时间……已经溶解的盐又出现在了锅底。

注意：进行本实验时，为了防止烫伤，请在成人陪伴下完成。

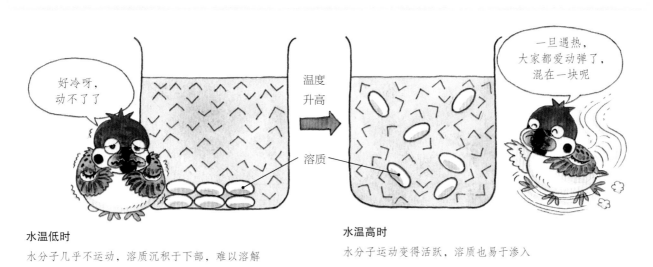

好冷呀，动不了了

温度升高

一旦遇热，大家都爱动弹了，混在一块呢

溶质

水温低时

水分子几乎不运动，溶质沉积于下部，难以溶解

水温高时

水分子运动变得活跃，溶质也易于渗入

● 结晶

将加热过的水冷却，已溶解的物质变得不能溶解，并从溶剂中分离（该现象称之为"析出"）。温度逐步下降，分子会一个个整齐排列形成较大的结晶。

成为溶液的水……

在我们日常生活中，水的结冰温度（凝固点）为0℃，沸腾温度为100℃（沸点）。但是，水中如果溶解有盐或白糖的话，沸点会提高，反之，凝固点也会降低。

问答环节

在这出两道题目。你能够回答出来吗？

Q1 一样体积的白糖水和普通的水，各自放入平整的碟中。碟中的液体，哪一个先消失？

Q2 被海水浸湿的泳装，被淡水浸湿的泳装，哪一个容易变干？

※答案见本页最下方

● **沸点提高**

水和空气于水的表面接触。水中的水分子在不断运动，但接近表面的分子会跳至空气中飞舞。这就是蒸发。

水受到大气压力，克服此压力后成为气体的分子的比例，由分子运动力决定。水温越高，分子的运动力越大。这一运动力与大气压相同之时，不仅在表面，内部也会冒泡释放出水蒸气，这就是沸腾。

水中如果溶解有物质，与空气接触的水分子就会变少，表面的一部分就像是处于被盖子盖住的状态，水分子很难蒸发为水蒸气。所以，同样温度下，溶解有物质的水变为水蒸气的比例会更小（所以被海水浸湿的泳装比被淡水浸湿的泳装更难变干）。

沸腾也是一样，不仅需要克服大气压力，还需要克服盖住溶液表面盖子的力，所以100℃以上的温度是有必要的。像这样，液体中溶解了某种物质后沸点提高的现象，我们称之为"沸点上升"。

○ 水分子
● 溶解物（溶质）

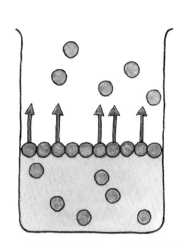

普通状态下的水。与空气接触的部分都是水的分子

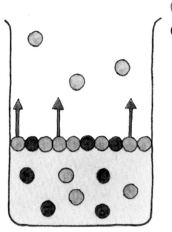

水中一旦溶解了某种物质，水分子和空气接触的部分变少，水难以蒸发

在富士山山顶那样的高度，大气压力比正常状态低。在那样的地方，水只要90℃就会开始沸腾了。

问答环节

提问。这次又是什么情况呢？

Q3　往水里放入盐，使其到达"已经无法继续溶解"的状态后放入冰箱冷冻室。然后在同样的容器中倒入淡水并放入冰箱。一天后将二者比较，结果又是如何？

※ 答案见本页最下方

●凝固点下降

逐渐降低水温，水分子的运动就渐渐变得迟缓。这时，水分子和水分子之间连接紧密排列有序，变为较大的块状。这就是结冰（凝固）现象。0℃的水，变为冰的分子和由冰变为液体水的分子数相同且达到了平衡，这个温度被称为水的熔点。但如果往其中放入盐，水分子周围就存在有钠离子和氯离子，水分子之间难以规则排列。另外，冰回到水状态时，有没有盐都一样，这个状态下由冰变为水分子增多，冰随之融化。为减少溶出的分子，就需要降低温度以抑制水分子的运动。结果就是，盐水比纯水（淡水）熔点更低。像这样，液体中溶解有某种物质后熔点下降的现象，我们称之为"熔点降低"。

只有水分子的情况

分子整齐排列，成为冰

水中混有盐的情况

被其他离子阻碍，难以凝固

有害物质会在水中扩散

能溶解于水的物质很多，所以会引起一些麻烦的事情。例如，如果工厂排出的有害物质直接流入江河的话，这些有害物质就会溶解于水，并最终酿成苦果。溶解于水的物质，会进入鱼类体内，还会渗入江河周围的土地内，甚至会被生长于此的植物根茎吸收。动物和人类食用被污染的鱼和植物，也会受到很大的伤害。

日本熊本县发生的水俣病是因为废水中含有有机汞化合物，富山县发生的痛痛病是因为镉导致的。所以废水在排放之前，必须要进行严格的检查和处理，确认有没有清除其中的有害物质。

液体和气体也能溶于水吗?

我们已经知道白糖和盐可溶于水,那么液体和气体呢,它们也能溶于水吗?

●溶于水的液体

晚上下班回家的父亲喝的啤酒和白酒当中,就溶有由麦和米等发酵而成的乙醇(俗称酒精,常温下为液体)。酒精易溶于水要注意,喝酒容易导致醉酒,小朋友们绝对不能尝试。

●溶于水的气体

开盖!扑哧扑哧……大家最爱的汽水。开盖之后,会猛地冒出很多泡泡。这些泡泡实际上就是溶于水的二氧化碳(常温下为气体)向外喷出的表现。父亲喝的啤酒的泡沫,也溶有二氧化碳。

溶于海水中的二氧化碳和钙结合,为许多生物所利用。贝利用其构成了保护自己柔软身体的贝壳,珊瑚用其构成骨骼。该类结合物经过长年累月的沉积形成石灰岩,借助地壳变动也会出现于地表之上。本书第70页的"岩石也能溶解?!"部分将详细说明。

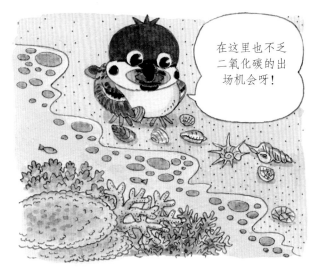

在这里也不乏二氧化碳的出场机会呀!

鱼是怎样进行呼吸的?

水中溶有氧气。鱼利用鳃将溶解于水中的氧气吸入体内进行呼吸。水温在15℃左右时,1升水中含有的氧气为7毫升。这个含量与空气中的氧气含量(1升中含有209毫升)相比,实在是很少。所以鱼必须吸入大量的水。

用鱼缸养鱼时,需用空气泵往水中注入空气,增加水中的含氧量。

鱼用鳃呼吸

压力与溶解度的关系

气体溶于水时，所施加的压力与溶解度有很大关系。如下图所示，按压上方的盖子施加压力，气体体积被压缩了。体积变小后气体的分子数不变，处于紧密状态。所以，无路可退沉入液体中的分子数增加。也就是说，溶解度变大了。

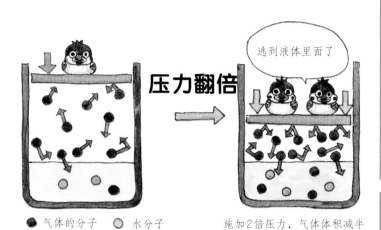

压力翻倍

逃到液体里面了

● 气体的分子　○ 水分子　　　　施加2倍压力，气体体积减半

对汽水施加5倍于大气压左右的强压，二氧化碳会大量溶于水中。开盖后压力降低，已经溶解的二氧化碳以气泡形式飘出。

汽水喜欢冷的环境

二氧化碳在冷的条件下更易溶解。所以冷却汽水会增加其含气量，饮用风味更佳。如果加热汽水，二氧化碳会以气泡形式溜走，汽水就变为单纯的糖水了。

提高温度后分子运动更加活跃，气体从液体中逃出（变为气体飞出）。所以气体在温度较低时溶解量更大。

盐水则与上述的情况相反

形状大不同！

左边是碳酸饮料用瓶，右边是茶或矿泉水用瓶。碳酸饮料用瓶即便施加强压也很牢固，是因为其呈圆筒状，瓶壁厚且紧实。

对环境也有影响！

地球表面约四分之三是大海。地球上大多数的二氧化碳都溶于水中，大气中的二氧化碳浓度也会因此降低。但是，受地球变暖影响海水温度上升，溶解于水中的一部分二氧化碳会释放至空气中，大气中二氧化碳浓度随之上升。氧气也会溶于海水中，海水温度上升之后，氧气也会飞入空气中。这样一来海水中的氧气不足，海洋生物们也会因此遭受灭顶之灾。

水与油并不亲密

这回让我们试着往水中倒入油吧，搅拌一番后，看上去像是融为一体了，但是放置一会儿后，油和水就像下图一样分离为两层且界限明显。

油

水

😠和😣的关系并不亲密。所以他们只和自己的同伴组团聚集在一起。水啊，油啊，要怎么做才能让你们关系好起来呢？

油层

水层

放大这部分观察

油的伙伴在这里哟

一提到油，脑海中闪过了石油、汽油、天妇罗油[1]……到底有多少种呢？出人意料的是，在我们身边油的伙伴其实非常多，而且这些物质和水的关系都不怎么亲密。

巧克力

衣物上沾有巧克力的时候，用水怎么洗也无法洗净。这是因为巧克力难溶于水。情人节制作巧克力松露的时候，巧克力就是用生乳酪溶化。这是因为生乳酪中含有大量脂肪，巧克力易溶于其中。

巧克力

哇，看起来好好吃呀！

香水

名字虽为"带有香味的水"，但它和水却不怎么合得来。其制作方法是用从花和树木中提取的油（精油）以酒精稀释。香草茶等中使用的薄荷，点心原料香草精等，和香水一样同属精油的范围。

香水

香粉、口红、指甲油

如果香粉这样的化妆品易溶于水，那就很容易在出汗后失去效果。指甲油也是一样，如果在做饭的时候脱落的话就糟糕了。所以，这些物品需要使用与油关系良好的材料制作。不需要的时候就用卸妆乳和洗甲水剂清洗就可以了。

化妆品

① 制作日本料理天妇罗时使用的液体食用油。——译者注

所谓的"亲密"

物质之间的关系有好有坏，这是由什么决定的呢？实际上这与分子结构息息相关。分子结构相近的物质相互间关系亲密，结构迥异的物质之间关系疏远。

亲水性

首先让我们观察一下水（水分子）的形状吧。水分子由1个氧原子和2个氢原子结合而成。但氧原子和氢原子并非笔直地排列，而是氢原子在氧原子周围呈曲线分布（如右图所示，一个氢原子的一侧是氧原子，氧原子的另一侧是另一个氢原子）。参阅本书第16页的"氢键"的内容可知，分子中的电子偏向于氧，氧带有2个负电荷，2个氢各带有1个正电荷。（这样分子整体并不带正负极，分子中带有正负极偏向部分被称为极性，这样的分子被称为极性分子）。

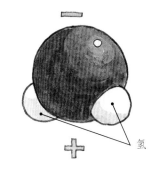

水分子的示意图。氢—氧—氢并非呈直线排列，像是被折弯过了

白糖和水

白糖的分子中有8个氧和氢结合的部分。与同为极性分子的水关系亲密。

氢
氧
白糖

白糖的分子中有8个和水关系亲密的部分哦！

乙醇和水

本书第58页提到的乙醇也含有氧和氢结合的结构部分，所以乙醇和水关系也很好。另外，乙醇的其他部分结构又与油相似，所以和油的关系也很亲密。因此，乙醇可以和很多物质相处融洽。

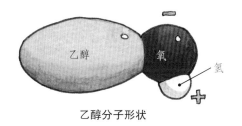

乙醇
氧
氢

乙醇分子形状

盐和水

盐虽然不含有氧氢结合的部分，但在水中会分解为钠离子（正电）和氯离子（负电）。水中的正电部分和氯离子相互吸引，水中的负电部分和钠离子相互吸引，相互间关系融洽（参阅本书第31页）

亲油性

与水亲密的物质，需满足下列两个条件之一：① 分子中拥有氧和氢结合的结构；② 变为离子后分为正电和负电。如果不满足上述的任一条件，和水关系都不会太亲密。

例如天然气中含有的甲烷分子，为1个碳和4个氢结合。因为分子中不含氧,所以不能实现正电和负电的偏向(这样的分子被称为非极性分子)。非极性分子虽与水关系不好，但非极性分子之间关系很亲密，会聚集在一块。油也是非极性分子，所以和其他非极性分子关系也很亲密。

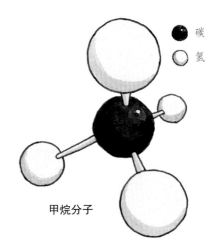

碳

氢

甲烷分子

蜡的分子

制作蜡烛的蜡也是非极性分子。蜡的分子中碳呈长条状相连，周围有氢环绕。所以并不带有氢和氧结合的构造。

水·油和维生素

维生素是维持人体健康所必需的物质。肉和蔬菜、水果等，都含有许多种类的维生素。维生素中既有和水关系好的，也有和油关系好的。

与水关系亲密的维生素：维生素B、维生素C

维生素B和维生素C易溶于水。维生素C的形状如下图所示。易溶于水的形状（氧氢结合的部分）有4处，和水关系亲密。

与油关系亲密的维生素：维生素A、维生素D

维生素A和维生素D难溶于水，可溶于油。比如胡萝卜素（萝卜和菠菜中富含）不含和氧氢相结合的部分，所以与水关系不佳。又因为它们易溶于油，用油炒过后更容易被人体吸收。

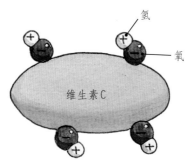

氢

氧

维生素C

易溶于水的维生素C等，即便摄取很多，积于体内的部分也会以尿液形式排出。所以再补充一些吧。

维生素A不足会引起视力下降。但是其难溶于水，摄取过多会堆积于体内。所以过量摄取维生素A对身体不好。

了不起的橘子之力！

和水关系好的物质易溶于水。可是正如我们所知，油和水的关系并不好，不能混合在一起。但是，跟水关系不好的，是不是和油关系都不错呢？没错！不溶于水的物质大多溶于油。

让我们试着做一个实验吧。将蜡烛点燃，在旁边弯折橘子皮使其汁液溅出……火焰里啪啦地燃烧得很旺。这是因为橘子皮中含有可燃烧的油。诶！橘子中有油吗？没错，橘子光滑的表皮中就含有柠檬烯，属于油的一种，含有满满的能量。

柠檬烯

● **柠檬烯的力量，不可思议！**

围绕橘子皮中含有的柠檬烯，可以做很多实验。大家一起试试吧。

去除油性笔写下的字迹

首先在塑料板上用油性笔写字或者画画。用蘸有橘子皮柠檬烯的布在板上这么一擦……字和画都消失了！

油性笔留下的痕迹，用水清洗不掉。因为它和水关系不好。但是，柠檬烯和油关系很好，可以溶解它。

溶解发泡聚苯乙烯

撒上一些橘子皮汁液在发泡聚苯乙烯上，发泡聚苯乙烯会溶解。利用这个原理，可以轻而易举地做出印泥。

啊，消失了！

啪哒

柠檬烯在塑料玩具的粘合剂领域也得到了广泛应用

给气球开孔

试着往已充好气的气球上滴柠檬烯液体。会发生什么事呢？（请注意安全）

柠檬烯属于油，和无极性的物质关系很好。所以不溶于水的油性笔和橡胶等会被其溶解。厨房的油渍，用柠檬烯一擦也会彻底消失哦。

肥皂是大家的好朋友

怎样才能使水和油的关系和睦？其实做起来并不难。只要给双方找一个合适的"中间人"就可以了。

合格的中间人

在水与油已形成分层的烧杯中加入肥皂，充分搅拌后水与油得以混合。因为肥皂与水、油的关系都很好，所以通过肥皂的介入，可以使得水与油的关系变好。

● 肥皂的构造

肥皂的分子就像一根火柴棒。然后，头部与水亲和（亲水基），棒部与油亲和（亲油基）。

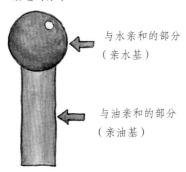

肥皂的分子

→ 与水亲和的部分（亲水基）

→ 与油亲和的部分（亲油基）

像肥皂这样既有与水亲和的部分（亲水基），又有与油亲和的部分（亲油基）的物质，我们称之为表面活性剂。

● 包围着油

充分搅拌混合后，肥皂分子与水亲和的头部（亲水基）向外，与油亲和的棒部向内，紧紧包围着油。被包围着的油可以分散于水中，看起来油就和水融合了。

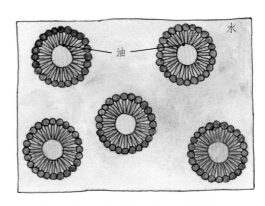

水

油

肥皂包围着油形成较大粒子，分散于水中

用肥皂去除油污

我们在洗澡时用肥皂清洗身体。洗衣物或者碗筷的污渍时,用肥皂水就能洗掉。这到底是什么原理,使得污渍不见了呢?

污渍实际上就是身体脂肪或饭菜中溅出的油。肥皂包围了身体、衣物以及碗碟的油污，并起到剥离的作用，所以达到了清洁的效果。这就是活用肥皂亲和油与水性质的范例。

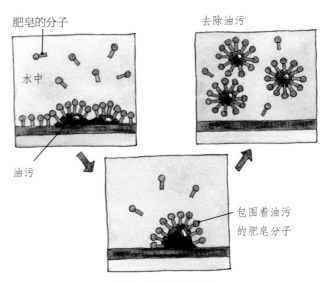

肥皂的分子　　　　去除油污

水中

油污

包围着油污的肥皂分子

肥皂去污的奥秘所在

溶解之道

水是可以溶解很多物质的溶解名人。但我们也知道有很多水溶解不了的物质。这时候该怎么办呢？在这里，我们一起来看看溶解那些物质的方法吧。

和服的汗渍

像和服这样不方便用水洗的物品，襟和袖口可用石油精这种油擦拭，去除污渍。污渍其实就是含有汗的油脂，可溶于石油精，故可以用石油精擦拭后去除。

油画颜料

水。彩画的颜料可以用水稀释，油画颜料需要用到松节油。

干洗

你有把丝织品或羊毛制品送去干洗店清洗吗？通过干洗，可以洗去用水难以洗净的口红、油等污渍。这时代替水的是工业用汽油等物品。原理是与油亲和的物质，可在溶于油后清除掉。由于汽油十分危险，所以这种洗法只能在拥有专用设备的干洗店进行。

水性涂料、油性涂料

水性涂料可以用水稀释。而油性涂料，需要用油漆稀释液（稀释剂）等非极性液体稀释。使用过的毛刷用水也无法清洗，这种情况下一样可以使用油漆稀释液清洗干净。

厨房油污

煎炸翻炒菜肴时，溅出的油会弄脏厨房。这时，用蘸有乙醇的擦布擦拭，可以轻而易举地回到干净状态。乙醇既溶于水，又和油亲和，更重要的是和饮用酒成分一样，可以保证食品和厨具的安全。

蛋黄酱和肥皂的共同点

你尝试过自己制作蛋黄酱吗？蛋黄酱是用蛋、醋和食用油混合后制成的。油和水（醋）一般来说不能混合，但二者却没有分离为2层，而是溶合在一起。也就是说蛋黄酱里添加有和肥皂功效相似的物质。

蛋黄酱的秘密

让我们首先了解一下制作蛋黄酱的原料吧。主要的原料是醋、蛋和食用油。我们可以把醋当成水看待。这样的话似乎很麻烦。没错，水和油关系不好，二者不能顺利地溶合。

但是，蛋黄酱内还添加有一样神秘的原料那就是蛋黄。蛋黄中含有卵磷脂这一成分，卵磷脂是兼具与水亲和的部分（亲水基）和与油亲和的部分（亲油基）的表面活性剂。卵磷脂可以包围住油散入水（醋）中，所以水（醋）和油可以融合。这几乎和肥皂洗去油污的原理一样（表面活性剂和肥皂有关的知识，请参阅本章"肥皂是大家的好朋友"的内容）。

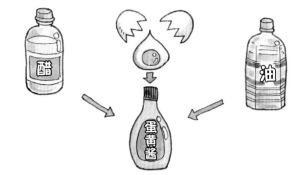

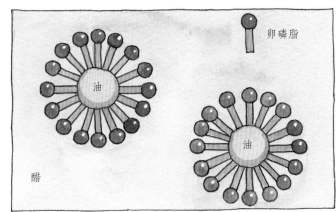

蛋黄中的卵磷脂包围着油，变为较大的粒子

表面活性剂的作用

- **使不相混合的物质融合** 可以使得平时不能混合的物质融为一体。

  例：化妆用乳液的油和水溶合、药的成分溶于水、涂料的颜料与水融合，等等

- **帮助染色** 往布和叶子上滴水，水散为圆润水珠，很难浸湿到深处。但是如果加入了表面活性剂，水的张力降低，染色就容易了。

  例：染料给纤维上色、稀释农药平均地洒在叶子上，等等

- **起泡作用** 表面活性剂溶于水后，水中有空气进入，起泡变得容易（请参阅本书第50页"泡泡薄膜的真面目"的内容）。

  例：使西式蛋糕松软、洗发水起泡，等等

- **其他** 使得物品表面光滑、防止静电、防锈、防褪色、杀菌等，除此之外还有许多种作用。

"真溶液" 和 "胶体溶液"

本书第54页提到了糖水和盐水这两种溶液，此时白糖和盐的颗粒和水分子几乎同样大小，与水混合在一起。像这样能溶解其他物质的液体（溶媒：水等等）的分子大小与被溶解物质（溶质：盐和白糖等等）的颗粒几乎为同等大小的液体，被称之为真溶液。

而蛋黄酱中的卵磷脂包围着油形成了巨大颗粒，在水中均匀地分散开。像这样，内部分散有比能溶解其他物质的液体（溶媒）的分子大出许多的颗粒（胶体粒子）的溶液，被称为胶体溶液。

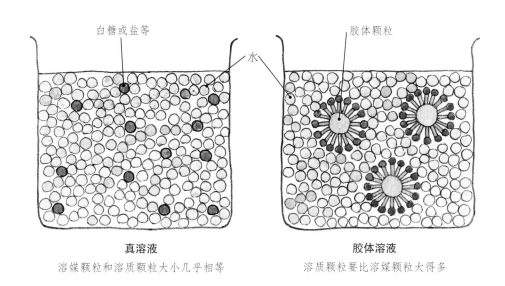

真溶液
溶媒颗粒和溶质颗粒大小几乎相等

胶体溶液
溶质颗粒要比溶媒颗粒大得多

除了蛋黄酱之外，我们身边还有许多胶体溶液存在。例如牛奶，就是蛋白质和脂肪的较大颗粒分散在水中的胶体溶液。肥皂水也是胶体溶液，肥皂分子呈圆形并集中在一起，分散于水中。

分辨 "真溶液" 和 "胶体溶液" 的简便方法

判断真溶液或胶体溶液最简单的方法是通过"是否透明"这一点来进行。真溶液中溶质的颗粒很小，不会影响光的穿透，看起来有透明的感觉。所以盐水和糖水呈透明状。但是胶体溶液的较大的溶质颗粒阻碍了光的穿透道路，看起来混浊。牛奶和肥皂水就是如此。

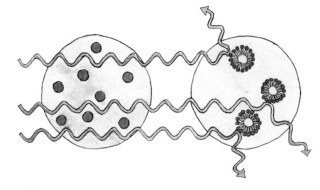

真溶液
呈透明色。光可以穿过小的溶质间隙。

胶体溶液
较大溶质使得光被分散，看起来混浊。

龋齿，就是牙齿被溶解

龋齿引起的疼痛令人难以忍受。所谓的龋齿，就是细菌产生的酸溶解了牙齿。那么牙齿被溶解到底是怎样的一个过程呢？和其他的"溶解"现象有何不同？

龋齿形成的过程

引起龋齿的真凶就是潜伏在口腔内的细菌。其中，变异链球菌是罪魁祸首。细菌摄入白糖等糖类，产生乳酸等酸性物质。

牙齿主要是由磷酸钙构成，一般来说很坚硬且难以溶解。但接触到细菌产生的酸（氢离子）后，磷酸钙就会分解成钙离子和磷酸氢离子，变得可溶于水。

龋齿是由于细菌将摄入的糖类分解产生酸形成的。我因为没有牙齿，所以不担心龋齿问题！

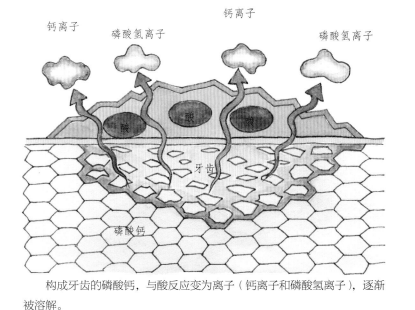

构成牙齿的磷酸钙，与酸反应变为离子（钙离子和磷酸氢离子），逐渐被溶解。

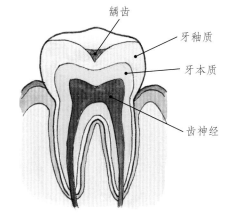

通过牙齿的纵向剖面图可知，最初坚硬的牙釉质溶解，龋齿接近柔软的牙本质部分。继续恶化则通达神经部位，我们就感到疼痛难忍。

如果不认真刷牙，糖类就会长时间残存于口腔内，进而引起细菌滋生。这样一来，牙齿渐渐被溶解形成空洞。空洞变深直至触及齿神经就会有痛感。因为龋齿不会自愈，所以需及时就诊。因此平时多加注意口腔卫生非常重要。

各种"溶解"

　　盐和白糖"溶解"于水，指的是盐和白糖分散开来变成微粒溶解于水中。另一方面，牙齿"溶解"指的是酸性物质和牙齿发生化学反应，牙齿的成分被溶解。虽然都属于"溶解"，但是意思还是有很大差别。

　　事实上，"溶解"这个词拥有多重含义。在此我们总结一下吧。在科学的世界里，主要有三种"溶解"的含义。

●液体中，不同物质的微小颗粒均匀地混合

　　本章我们反复提到的盐和白糖溶于水就是一个例子。其他还有画家绘画时用的颜料（水彩画颜料）溶于水也属于这一类型。

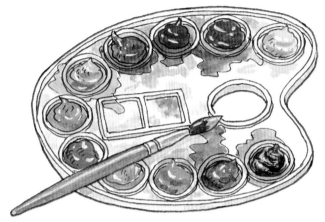

溶解

●固体遇热变为液体

　　雪和冰溶解，炎热天气下沥青溶解、铁溶解等[1]。

●因化学反应变为别的物质后溶解

　　上一页我们看到的牙齿被溶解后形成龋齿就是一个例子。另外，岩石溶解形成的钟乳洞也属于这一类型。

　　钟乳洞是石灰岩因被地下水溶解后产生的洞穴。一旦溶解后的石灰再次凝固，洞穴高处就形成了冰柱形的钟乳石，地上形成了竹笋形的石笋（详情见下一页"岩石也能被溶解？！"）。

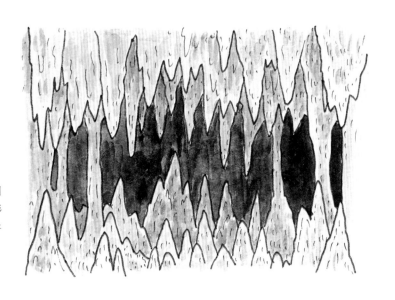

① 在日语中这种现象被称为"溶解"，在汉语中这种现象更多被称为"熔化"。——编者注

岩石也能被溶解?!

岩石很坚硬，实在很难将其与"溶解"联系起来。事实上，岩石可以溶解。世界各地都存在着岩石溶解后形成的有趣地貌。

喀斯特地貌

喀斯特地貌就是石灰岩这种岩石溶解后形成的地貌。在地面形成石碑状的岩石柱和漏斗状的倒锥体洼地，在地下则形成钟乳洞。在日本，山口县的秋吉台和福冈县的平尾台是很有名的喀斯特地貌景观。

● 喀斯特地貌的种种形态

岩柱 洼地 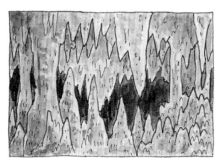钟乳洞

● 喀斯特地貌的形成原因

1 海水中蕴藏的钙和二氧化碳结合生成碳酸钙，成为生长于海底的珊瑚和贝类的骨骼与贝壳。

钙

二氧化碳

钙和二氧化碳结合后，会产生碳酸钙哦

2 珊瑚和贝类死亡后沉积海底，形成了以碳酸钙为主要成分的石灰岩层。某些情况下，该石灰岩层受地球内部压力影响而冒出海面。

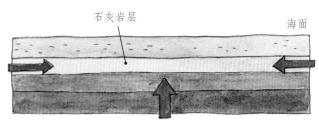

石灰岩层　海面

形成于海底的石灰岩层，受到周围强大力量影响的话……

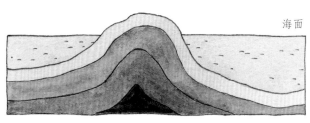

海面

受到挤压，冒出海面

③石灰岩（碳酸钙）层在地表之上隆起，隆起部分受雨水冲刷，地下部分受地下流水冲蚀。无论是雨水还是地下水，都大量溶解了空气或泥土中的二氧化碳，呈弱酸性。碳酸钙易溶于弱酸性的水，所以一旦接触到弱酸性的雨水或地下水，就会析出碳酸氢离子和钙离子。

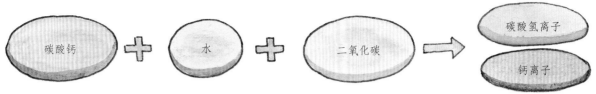

碳酸钙接触到酸性的水后析出离子

④石灰岩经受着长年累月的侵蚀。在地表之上形成了仁立的岩柱，雨水则渗入了地下形成了洼地。最终，地下的石灰岩溶解形成了钟乳洞。

从表面上分析可以发现，岩石溶解和龋齿溶解变化相同，都是化学反应引起的溶解。石灰岩（碳酸钙）与酸反应被溶解。看似难以溶解的坚硬岩石，就是这样被溶解了。

酸雨

你听说过酸雨吗？一般情况下，雨水溶解有二氧化碳呈弱酸性。但是，石油或煤燃烧、火山喷发后，会向空气中释放出比二氧化碳酸性更强的强酸性物质并随雨水下落。这就是酸雨产生的原因。

酸雨带来的危害有植物枯萎、水中生物死亡等，而且还会造成铜像和混凝土溶解腐蚀。普通雨水是无法溶解它们的。

酸雨的影响

铜像的斑点

混凝土"冰柱"

实验 ● **制作松软透明的醋蛋**

用醋溶解蛋壳，试着制作像橡皮球般弹力十足的透明醋蛋。

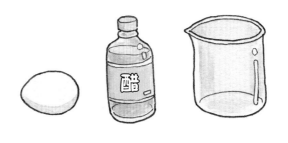

<需要准备的材料>
生蛋、醋、瓶子和杯子等容器

<做法>
① 向瓶或杯子中放入蛋，然后倒入醋直至完全覆盖住蛋
② 放置一段时间，冒出气泡，蛋壳开始溶解。若要蛋壳完全溶解还需要中途搅拌，或者再加一些醋，需要一星期的时间。
③ 如果蛋壳已经溶解，用清水轻轻地清洗蛋。

<结果>
　　坚硬且不透明的白色蛋壳被溶解，变身为透明、松软的醋蛋

注意：因为产生了二氧化碳，所以不要给容器加盖。如果觉得产生气体的气味不好闻，建议尽量提前用纸捂住口鼻。

有气泡冒出，就是蛋壳溶解的证据

蛋壳为什么可被溶解？

　　蛋壳的主要成分是碳酸钙。碳酸钙遇到酸性的醋后会产生化学反应溶解，和石灰岩被酸性的雨水与地下水溶解原理一样（请参阅本章"岩石也能被溶解？！"的内容）。得益于蛋壳内侧的薄膜不溶于醋，透明的松软醋蛋就能够做好了。实验中蛋冒出的气泡，就是碳酸钙溶解时产生的二氧化碳。

鸡蛋变得透明而富有弹性。之所以比原来体积膨胀了些，是由于醋中的水分渗进了薄膜的缘故。

第 4 章

爆炸·燃烧·发光

释放出光和热的同时还伴有巨大响声！以巨大能量破坏周围一切的爆炸实在是令人畏惧。

大多数爆炸的关键要素在于氧气的存在。物质燃烧、金属生锈等也都与氧气有关。

氧气可与很多物质相结合，使物质发生变化，释放出能量。

氧气和其他物质时而和平相处，时而激烈摩擦。它们之间是怎样的结合方式呢?

既有发热的情况，也有发光的情况哦。

爆爆米花是小型爆炸，火山喷发是大爆炸

爆炸是体积急剧膨胀（体积迅速变大），并释放出巨大压力、热量、声响的现象。具有代表性的有：蒸汽爆炸、氢气爆炸、粉尘爆炸、核爆炸。其中的蒸汽爆炸，在我们日常生活中的许多地方极为常见。

爆爆米花也属于爆炸现象

试着爆爆米花吧。首先将爆米花专用的爆裂玉米粒倒入锅内加盖后放在炉子上，点火加热。如果使用带有玻璃盖的锅，就能看清玉米粒绽开的样子（这样的绽开被称为"爆裂"），也就是一场小型的爆炸。

● 爆米花爆炸的原理

爆米花原料（爆裂玉米粒）中含有着水。加热之后水变为气体（水蒸气），体积增大了许多（参阅本书第20页内容可知，水变为水蒸气时，体积增长了1700倍）。但是玉米粒的壳很坚硬，不能像年糕那样膨胀使体积变大。不断膨胀的水蒸气的产生的压力逐渐变大，使得壳无法承受，玉米粒就嘭的一声爆炸了。在这样短时间内由水蒸气引起的爆炸被称为"蒸汽爆炸"。

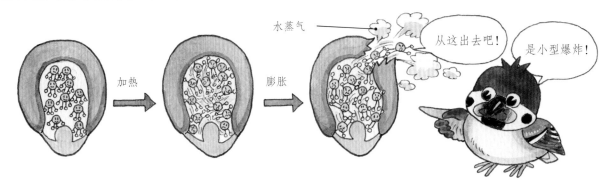

比较玉米粒绽开之前和绽开之后的重量，可知后者变轻了。这是因为玉米粒中含有的水以水蒸气形式逃跑了。爆米花在制作完成后，玻璃盖上附着的水珠，就是水变成的水蒸气遇冷又回到液体状态的结果。

诶，没爆炸？！

能够用于制作爆米花的只能是专用的爆裂玉米粒。这种玉米粒具有坚硬的壳，可以锁住内部的水分。其他种类的玉米粒外皮会一下子破开，所以不会产生爆炸。

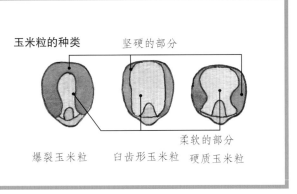

是的。糙米茶中添加有一种白色物质，这就是玄米爆裂后的产物。就连狗尾草的小穗粒置于火上也能爆裂，就像小型的爆裂玉米粒。

狗尾草的小穗粒

Q 外壳很柔软的物质能爆裂吗？

就拿年糕来说吧，其中的水膨胀使年糕自身也膨胀起来。膨胀过度导致年糕破裂时，水蒸气向外冒出，年糕随之干瘪。那么，爆裂玉米粒之外的玉米粒能爆裂吗？

答案：非爆裂玉米粒之中受热产生的水蒸气会迅速向外流出，玉米粒会被烧焦。

4

爆炸·燃烧·发光

火山喷发

如果炙热的岩浆注入地下水脉，水受热会产生大量的水蒸气。地下压力也因此增加，岩浆会爆发式地喷涌而出。

火山喷发比爆爆米花的爆炸要剧烈得多。但是调查后我们可以发现，其原理和玉米粒爆裂形成爆米花的原理一样。

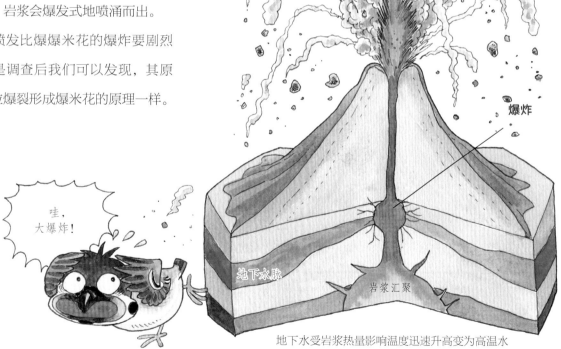

火山的内部

喷烟、水蒸气

爆炸

地下水脉

岩浆汇聚

哇，大爆炸！

地下水受岩浆热量影响温度迅速升高变为高温水蒸气，体积急速膨胀，形成爆炸喷发

●火山的喷发

火山喷发有许多类型。其中一种是刚刚介绍过的蒸汽爆炸。其他还有被封闭的岩浆从地表较薄弱的部分喷发的"岩浆喷发"，岩浆喷发多发于海底或海岸附近，流出的熔岩流与海水接触后发生蒸汽爆炸，也就是"岩浆蒸汽爆炸"。

工厂发生爆炸

蒸汽爆炸不仅限于火山喷发，工厂内也会发生。例如炼铁厂进行作业时，向处于高温熔化状态下的金属浇水时，水瞬间变为水蒸气，体积迅速膨胀，有时会酿成巨大的人员伤亡爆炸事故。即使消防车赶到，浇上水还会继续爆炸，所以不能用于灭火，给灭火也带来了难度。

核电站蒸汽爆炸事故的后果更加严重。核反应堆无法冷却时温度瞬间上升，燃料棒熔化掉入冷却水中，最终会酿成蒸汽爆炸，可以说是最令人恐惧的事故。2011年3月发生的日本福岛核电站事故中万幸没有发生蒸汽爆炸，而1986年前苏联的切尔诺贝利核电站（现乌克兰）事故中却发生了蒸汽爆炸，堪称史上最惨重的核电站事故。

迷你蒸汽爆炸

有时蒸汽爆炸也会发生在我们身边。例如在家做饭的时候……没错吧。

例如，在炸天妇罗时已经处于高温状态下的油中滴入了水，不仅会发出噼里啪啦的声音，还会引起油星四溅。这是水急速变为水蒸气、将油弹开飞溅的结果。如果水量过多的话，热油和水一起进到身上，有可能导致重伤。

天妇罗用油过热导致着火时，如果试图以水浇灭，则有可能导致蒸汽爆炸。起火之后，不要慌张，先将燃气关闭，再使用专用灭火器就行了。绝对不要用水浇。

释放压力

用水壶烧水时，伴随着壶中水的沸腾，水变为水蒸气飘散于空气中。但是这时壶中却没有发生蒸汽爆炸。

其中的奥秘就是壶盖上有一个敞开的小孔。水蒸气从这个孔向外飘散，因此壶内压力不会大幅增加。虽然看上去有些麻烦，但却起到了大作用。

氢氧混合引起爆炸！

液体变为气体时体积膨胀引起的是蒸汽爆炸。除此之外还有其他形式的"爆炸"。用稍显专业的语言对其进行总结就是："可燃物在与氧气接触时急剧燃烧引起的爆炸"。让我们了解一下各种各样的爆炸吧。

氢气爆炸 氢气和氧气发生的反应就是"氢气爆炸"。这时会产生巨大的能量（热），最终会生成水。

氢气爆炸的原理

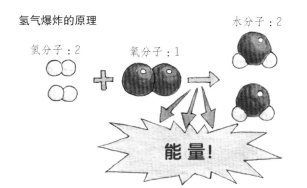

水分子：2

氢分子：2　　氧分子：1

能量！

点燃氢气，也并非就会导致爆炸。空气中氢气浓度为4%～75%时点火的话，会释放出巨大能量引起爆炸。虽说是需要一定的条件，但能引起爆炸的氢气浓度范围很广，必须要注意严加看管。

2011年3月发生的日本福岛核电站事故中就发生了氢气爆炸。因为冷却燃料棒的水不足，导致温度持续上升，甚至达到了1000℃以上。在这样的高温环境下，包裹着燃料棒的金属也与水蒸气发生反应产生氢气。氢气与空气中的氧气发生反应导致了氢气爆炸。

宇宙火箭的奥秘

火箭在没有空气的环境下是如何前进的呢？其奥秘就是将氢气和氧气液化，分别装在不同的燃料箱中。在宇宙中将二者混合使其爆炸。爆炸引起的反作用力使得宇宙飞船前进。另外，氢和氧结合的产物仅仅是水，对环境不会产生影响。

气球爆炸！

在过去，气球中充入的是氢气。因为氢气比空气轻，气球才能浮在空中。但是氢气极易爆炸。广告气球和飞艇时有爆炸事故发生，所以后来改为充入氦气。参阅本书第16页内容可知，氦气很难发生反应，所以不会爆炸。

这些气球是安全的

不仅仅只有氢气才会爆炸。天然气和甲烷等聚积的地方一旦接触火花，会与氧气发生剧烈反应并膨胀，引起爆炸。在煤气泄漏的地方如果不注意打开电源开关产生的火花也可能引起火灾和爆炸。但是引起爆炸也仅限于煤气浓度在一定浓度之间的情况。发生煤气泄漏时，首先应开窗通风降低煤气浓度。最近一些城市用对煤气持续使用时间进行了限制，可以预防煤气泄漏事故[1]。

面粉和白糖就像铝一样轻易不会燃烧，不过一旦变成粉尘（细粉末），它们就变为了可燃状态。变成非常细小的粉尘后，表面积增大。在空中漂浮（飘起游荡）状态下与氧气充分接触，变为易燃物质。粉末漂浮的地方如果出现了火种，可能会急剧燃烧引起爆炸。煤矿内也最令人担心害怕的就是煤炭粉尘导致的爆炸。

开窗，让煤气出去！开关电源的火花会引发爆炸哦！

面粉厂也会发生爆炸哦

粉尘的表面积

选取一块较大的积木的长宽高三边的中点，将其切割为8个小型积木，这样内侧的部分就作为表面出现（途中的红色部分）。体积虽然不变，但是切为小块后的表面积是之前的2倍。如果继续切割，表面积还将持续变大。粉尘是非常细微的粉末，表面积大得惊人。

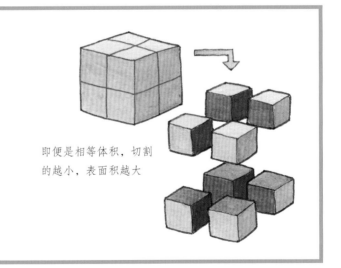

即便是相等体积，切割的越小，表面积越大

● 多也不行少也不行……

是否发生粉尘爆炸由一定体积中粉尘的浓度决定。粉尘浓度太高（粉尘数量太多）时粉尘会粘结在一起，与氧气接触的部分会减少，很难产生爆炸。如果粉尘浓度太低（粉尘数量太少）的话，粉尘粒子间的距离太远而不能持续燃烧，所以不会引发爆炸。

[1] 此为日本一些城市的举措。——译者注

利用爆炸

人们可以利用爆炸的特性来制造一些便利生活的装置。汽车的发动机就是用爆炸时产生的能量，使得车轮旋转。发生交通事故时保护我们身体的安全气囊也是利用了爆炸的威力。

汽车发动机原理（4 冲程循环引擎）

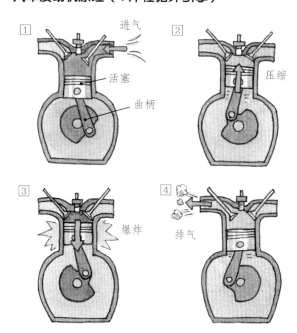

1 吸入 曲柄下压时活塞也会下降，右边阀门打开。雾状的汽油和空气从此处进入。

2 压缩 曲柄持续运转，活塞上升，两侧阀门关闭，汽油和空气的混合气体被压缩。

3 爆炸 这时火星四溅引发爆炸，在此冲击下活塞向下运动做功。

4 排气 活塞上升时，左边阀门打开，其中的气体向外排出。

因为3的爆炸使得活塞持续上下运动，1和4步骤就处在不间断的循环运动中。活塞的上下运动通过曲柄变成旋转运动，使得车轮旋转。

汽车的安全气囊

发生交通事故时保护我们身体的是安全气囊。但是如果不能迅速地膨胀，安全气囊就毫无意义。这里也有爆炸的功劳。汽车急速刹车，安全系统监测到碰撞时，装入安全气囊内的化学药品随之爆炸。爆炸产生大量气体可以使得安全气囊一瞬间膨胀。这样一来，事故发生时对人体产生的巨大冲击得到缓冲。除汽车领域之外，针对登山者被困入雪崩的情况，人们还开发出了可保持人体浮在雪面之上的登山用安全气囊。

炸药

硝化甘油稍微受到震动就会变为二氧化碳、水（水蒸气）、氮气和氧气。因为体积会爆发式增长，加之在反应时会释放出大量的热，最终这个反应会引起大爆炸。所以硝化甘油是非常危险很难进行控制的化学品，阿尔弗雷德·诺贝尔精心构思使得硝化甘油不会轻易爆炸,甚至可以进行有控制的爆炸。这就是炸药。

"燃烧" 的概念

煤气爆炸和粉尘爆炸，都是由物质剧烈燃烧引起的。但是，除了这些令人生畏的燃烧形式之外，还有很多有趣的燃烧形式。比如，点亮夏日夜空的篝火晚会、寒冷冬日的暖炉等。可是，到底什么是"燃烧"呢？

身边的火

自远古时代人类就已经开始使用火了。寒冷的日子升起篝火取暖，用火蒸煮烧烤食物使其口感更好，或者是用于照明、驱赶野兽保护自己。近代以来用电灯代替火的情况很多，但是厨房的燃气灶、蜡烛等仍然在我们的日常生活中扮演了重要角色。值得注意的是，一时疏忽就可能导致火势蔓延开来引发火灾，所以我们必须小心对待规避风险。

易燃物·难燃物

薄薄的纸一类的物品很容易燃烧。巨大的树和木头很难燃烧，但枝叶这样的细状物体和木屑则十分容易燃烧。

我们可以推测出难燃物体中肯定存有玄机。例如往锅中倒入水并点火烧水，水沸腾后成为气体，但并不会燃烧。物质燃烧时产生的二氧化碳也不会燃烧。所以点燃篝火等情况下一定要备好水作为消防用品，或者准备装有二氧化碳的灭火器。如果要阻止燃烧，比如采用降温、介入物体和空气（氧气）之间来断绝物体和空气的接触，就可以起到灭火的作用。

不能燃烧！

这个，可以燃烧！

物质燃烧的三个条件

物质燃烧需要三个条件[①]。如果其中任何一个条件不满足，物质无法燃烧。

物质燃烧殆尽之后，已经不能再燃烧，火随即熄灭。

如果没有氧气，物质不会燃烧。点燃柴火时，如果不加强通风使得空气流通，则无法烧着。

我们常常用水扑灭正在燃烧的物质。水在蒸发时会从燃烧的物质那里夺取热量，温度下降后火熄灭。

物质燃烧 = 氧化

举行篝火晚会之前需要准备大量木柴并堆积起来。木柴燃烧完毕后，只剩下很少的灰烬。那这么多木柴到底去哪了呢？

物质燃烧就是物质和氧气结合的过程（氧化）。木柴主要由碳、氢、氧组成。柴中含有的碳和氧结合生成二氧化碳，氢和氧结合为水（水蒸气）。因为两者都是气体，所以飘散在空中消失不见。木头当中还含有的少量钙与镁等矿物质，它们与氧气结合后不会生成气体，而是成了剩下的灰烬。

碳和氧结合，生成二氧化碳

：碳　　：氧

因为燃烧就是物质和氧结合的过程，所以已经充分和氧结合的物质不能再燃烧，比如水和二氧化碳。这些物质中的氢或碳已经和氧结合。而石头主要由硅构成，无法与氧结合，所以不能燃烧。

---

① 指可燃物、助燃物（通常为氧气）和达到可燃物着火点的温度。——译者注

尝试点燃蜡烛

想必大家都有点蜡烛的经历吧，就是用火点燃蜡烛烛芯。直接点燃蜡烛本身不是更好吗，为什么不采取这样的方式呢？

那我们就拿着蜡烛的本体接近火源吧。结果仅仅是表面被火微微熔化，蜡烛本体并不会燃烧。这是因为不满足上一页列举的"物质燃烧的三个条件"。虽然有可燃物（①），但是成为块状固体不能充分和氧气充分接触（②）。另外，块状结构还导致蜡烛表面形成的高温会很快向周围释放热量，不能满足燃烧所需的高温条件（③）。

蜡烛的芯极易点燃。但将火源靠近蜡烛本体，其只会熔化不会燃烧。

接下来我们尝试点着烛芯吧。纤细的烛芯可以很快达到高温，所以可以被点燃。而且，熔化的蜡烛液体顺着烛芯流向温度高的方向，可以充分与氧气接触。这样完全满足了燃烧的三个条件。

燃烧就会有火焰？

我们继续观察蜡烛燃烧的情况吧。烛芯的部分有火焰冒出。底部虽然是固体的蜡，但顶部的蜡受热熔化为液体。液体的蜡，流入烛芯的纤维缝隙，遇热变为气体。蜡烛的火焰就是气态的蜡在燃烧。在火焰当中，作为蜡的成分的碳和氢与空气中的氧气结合，释放出二氧化碳和水。

火焰的内侧部分发出黄色光。虽然是最耀眼的部分，但其实这里氧气的供给并不充足，碳变为了煤烟。煤烟在高温之下发出黄色光。

那么篝火又是什么情况呢？木柴并不能马上燃烧。为使其燃烧，需在其之下垫一些报纸、细树枝、枯叶等易燃物助燃。枯叶等燃烧之后温度很高，使得木柴也跟着燃烧起来，此时木柴转换而来的可燃性煤气（被称为木煤气）开始燃烧，形成巨大火焰。

火焰熄灭之后，木柴仍然会一闪一闪地呈现出红色，并继续燃烧。这是木煤气燃烧殆尽后木柴的固体部分继续燃烧的表现。值得一提的是，固体燃烧时不会产生火焰。

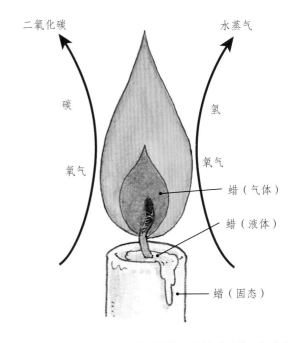

二氧化碳　　　　　水蒸气

碳　　　　　　　　氢

氧气　　　　　　　氧气

蜡（气体）

蜡（液体）

蜡（固态）

蜡烛燃烧的状态。点燃蜡烛，火焰周围的空气受热上升，下方供来了新鲜的空气（获得）。循环往复之下，蜡烛持续燃烧。

没有火焰，炭的不可思议之处

炭在我们生活中并不常见，但对于户外烤肉或寒冷地区取暖来说，炭（木炭）是必不可少的存在。

点燃这样的炭，不会冒出火焰，更不会冒出煤烟或者烟雾。这和炭的"制作方法"有很大关系。

制作炭的时候，将原材料木柴以土覆盖防止氧气进入，在高温状态下干馏。这样一来，木柴中含有的木焦油和水分便向外流出。最后剩下的部分就是纯粹的炭。

野营时，用木柴做饭时锅底会被煤烟熏黑。如果使用精心制作的高纯度炭，绝不会熏黑锅底。

火焰的形状

左边是一般情况下点燃蜡烛后的火焰形状。那右边的呢？右边的是在航天飞机中进行蜡烛燃烧实验时的火焰形状。在穿梭于宇宙空间的航天飞机中点燃蜡烛后会呈现这样的火焰，有时还会熄灭。

一般情况下，点燃蜡烛后，火焰周围的空气遇热变轻，上升，也就是实现了向上的空气流动。伴随着这一流动，蜡的气体也向上攀升。由此可知，在地面上的蜡烛火焰形状是热量造成空气流上升所致。

如果受热的空气上升，火焰下方的空气便减少。周围的新鲜空气会"乘虚而入"，供给氧气。所以蜡烛可以持续保持燃烧。

航天飞机内处于失重状态。因为没有重力，所以受热的空气和较冷的空气之间没有重量的差异，无法让空气产生流动，致使火焰变为球形。空气不能流动意味着周围没有新鲜空气供给。所以航天飞船上的蜡烛火焰在耗尽了周围的氧气之后便熄灭了。

金属也能燃烧

我们知道纸和木头能够燃烧，但你是不是想当然地觉得金属不能燃烧呢？的确，因为和氧气接触的部分太少，金属块无法燃烧（燃烧条件②），又因为金属导热快，热量会很快流失，温度无法提升（燃烧的条件③）。

但即便是金属，只要细一些，易于与氧气接触就能燃烧！许多物质燃烧都离不开氧气。

● 试着点燃厨房用的钢丝球

（准备的物品）
1厘米见方、长为1米的木条一根，线、铁丝、钢丝球4个、透明胶带、铝挡板、火柴、装有水的桶

（实验的方法）
① 先将钢丝球揉开。
② 在木条的正中拴一根线，再于木条的两端装上铁丝制成简易的天平挂钩。
③ 在两端的铁丝上分别装上1个钢丝球，为保持平衡，需适当调整钢丝球的位置。准备就绪之后为保持不晃动，需用透明胶带进行固定。另外需让铁丝深入钢丝球内部2~3厘米，使钢丝球牢牢挂住不会脱落。
④ 在下方铺上铝挡板（为确保钢丝球掉落时不会引发危险）。
⑤ 点燃一侧的钢丝球。在多个位置点火，确保其充分燃烧。
⑥ 最后来看看天平向哪边倾斜。

钢丝球由线状的细铁丝组成。点火后，泛出点点红光燃烧。首先，这表明铁也能够燃烧。但是，这种燃烧和木头燃烧的样子有很大不同。第一，没有火焰。第二，木头燃烧时产生了可燃性煤气，与最初相比，燃烧的重量大幅下降；而钢丝球燃烧后剩下的是蓬松状的黑色物质，平衡的天平棒向燃烧过的这一侧倾斜。这也就表明，燃烧过的钢丝球变重了。

注意：请由成人握持天平。点火之后天平会旋转晃动，对于胳膊不长的孩子们来说十分危险。另外，实验后钢丝球中央可能还在燃烧，请置于水中以确保火完全熄灭。

金属和颜色

点燃含有金属的物质后会根据所含金属种类而产生不同颜色。第42页中介绍的各色烟火就是利用了这一原理。燃烧传单这样带有颜色的纸张时火焰颜色也会呈现红色或绿色，这是因为油墨中含有金属。同理，燃烧木柴时，会有红色微弱火焰闪烁。这种颜色，就是木头中含有的极少量金属在起作用。

变轻？还是变重？

纸和木头燃烧后重量会大大减轻，因为这些物质在燃烧时生成的二氧化碳和水蒸气都是气体，会散失到外界。

与此相对，点燃钢丝球（铁质）后，剩下黑色物质，测量其重量后发现它比燃烧之前变重了。燃烧后形成的物质为铁氧化物，也就是铁和氧结合的物质（四氧化三铁）。燃烧就是氧气与可燃物结合。

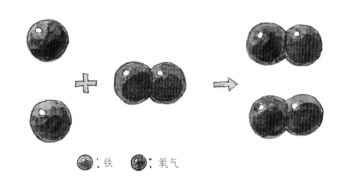

：铁　：氧气

铁与氧结合，生成四氧化三铁

碳和氧结合时产生二氧化碳气体，铁和氧结合时产生四氧化三铁。四氧化三铁为固体，不会散失于空中。所以结合了氧之后的新物质就变得比原来重了。

人体内也在燃烧？

生物都在利用氧化产生的热能。首先，就是摄取食物，在体内储藏养分（糖类和氨基酸）；然后借助呼吸吸入氧气，氧气使得养分燃烧（氧化），产生热量。生物利用燃烧产生的热量维持体温，或者作为运动时的能量来源。糖类和氨基酸燃烧后生成二氧化碳、水和氨等。这些人体并不需要，所以二氧化碳随呼气（吐气）排出体外，水和氨则随汗和尿液排出。

运动时需要大量的氧气！

运动时需要大量能量。为此也需要大量的氧气。为获取这些氧气，呼吸和心跳必须加速。而且，产生了这些能量必然使得身体变热。所以运动时大量出汗也是为了调节体温。

氧化和还原

物质与氧结合被称为"氧化"。与之相对，含有氧的物质失去了氧就被称为"还原"。

许多物质之中，氧也算得上是"活跃分子"，几乎可以缠上各种物质。比如氧正和原子A结合，但是一旦出现了更容易结合的原子B，氧就离开A缠上了B。此时，B与氧结合是"氧化"的过程。A失去了氧，被称为"还原"。

啊

你真帅♥

"燃烧"和"生锈"是亲戚关系?

"燃烧"就是燃烧的物质与氧结合的过程(氧化)。而"生锈"也是物质与氧结合的过程。这是不是说明"燃烧"和"生锈"的原理相同呢?

"燃烧"是放出热量的剧烈氧化,"生锈"是缓慢的氧化

我们已经知道只要接触到充足的氧气,铁在高温状态下能够燃烧。在条件不变的情况下,同样由铁制成的钉子和菜刀却无法燃烧。但将它们放置一段时间,它们便会缓慢地与空气中的氧气结合(氧化),变为褐色且外观逐渐破旧。这就是"生锈"。

"燃烧"和"生锈"都是氧化的过程。就像我们生活中的亲戚关系一样。那么二者又有哪些不同之处呢?

"燃烧"是剧烈的氧化,同时释放出光和热。而"生锈"的过程中并不会发光,化学反应也是缓慢地进行。铁在氧化时会释放热量,燃烧之后铁会很烫。同理,生锈时也会释放热量。但是生锈这种化学反应十分缓慢,热量逐渐向周围流失,不会引起我们的注意。

食物长时间放置也会氧化。这虽然不是"生锈",但原理相同。所以食物要趁新鲜时吃掉。

最不易生锈的金属

黄金一直闪闪发亮,十分靓丽。正是因为在金属中其最不容易生锈,黄金经常被用作戒指和耳环等饰品。因为直接接触人体的饰品会遇上汗液中的水分和盐分,选用铁的话会很快生锈,变脏变旧。另外,镀金也被广泛运用于诸多领域。

氧气会引起麻烦吗？

氧气既可以使得物质燃烧变热，还可以提供身体活动所需的能量，在我们的生活当中扮演着极其重要的角色。但是化学性质活跃的氧气和其他物质结合（氧化该物质，使得其生锈）过于容易。这样就导致了物质性质改变，带来了诸多不便。生锈的物品不能再使用，变味的食物有可能含有有害物质所以也不能再食用。所谓生锈就是物质和氧气结合，也就是说只要避免和空气（氧气）接触就可以防止物质生锈。但是氧气作为空气的一部分，如何使物质避免与其接触也需要费一番心思。

●防锈的方法

在易生锈的金属表面覆盖一层不易生锈的金属就是"镀"，这是一种典型的防锈方法。

镀金除了用在装饰品领域，还被广泛应用于需要防锈的电子零件领域。镀锡的铁皮可以用于制造水桶和玩具等物品。另外在表面涂油或油漆避免和空气接触的方法也颇具效果。甚至还有更加简单的方法。那就是用完一个物品后擦拭掉灰尘，让其保持干燥状态。因为有水分或盐分残留的话极易发生氧化，物体就容易生锈。

●防止食品氧化的方法

为了防止食品接触氧气，只要抽出袋中的氧气封紧袋子即可，如下图所示。但内部不接触氧气也仅限于开袋之前。开袋后空气进入，氧化随即开始。一旦拆封，还是尽快食用为好。

真空包装

真空包装就是抽出袋内空气，避免食品接触到氧气。因为抽走了空气，包装很紧实。

充填氮气

在袋中充入氮气，赶走氧气。因为充入了氮气，所以袋子鼓鼓的。

脱氧剂

在袋中放入脱氧剂，可以在食品和氧气结合之前先"夺走"氧气。脱氧剂的主要成分是铁粉。其与氧气结合生成氧化铁，耗尽了袋中的氧气。

抗氧化剂

维生素C属于抗坏血酸，极易被氧化。自身被氧化时也会"夺走"食品周围的氧气，起到抗氧化的作用。维生素C因为可被食用，所以被添加进了饮料和易保存食品等诸多食品当中。

身体也在被氧化

我们人类通过呼吸吸入氧气，利用其与养分反应（氧化）来获得能量。所以氧气对人体来说是必不可少的物质。但是氧气化学性质过于活跃，也会与人体内一些组织，特别是细胞膜和细胞间脂质结合生成对人体有害的过氧化物。

因为人体内含有防止氧化的物质，所以一般来说没有问题，但随着年岁增长这种抗氧化物质会逐渐减少。长此以往，过氧化物增加，人体会出现褶皱和色斑，甚至会引发癌症、动脉硬化、白内障等疾病，这就是"老化"。

新鲜的蔬菜和水果中含有丰富的维生素C，可以防止人体"生锈"，起到抗衰老的效果！

不生锈的铁——不锈钢

通过前面我们已经了解到铁极易生锈，但只要铁中的铬元素含量在10.5%以上，形成合金（2种以上的金属混合后形成的金属）后就拥有了不易生锈的特性。这种合金中的铬会在铁与氧气结合之前"夺走"氧气，在表面生成极薄的氧化膜。膜覆盖住金属整体，使得铁无法接触到氧气，所以不会生锈。

这种材料在英语中称为stainless steel（不锈钢）。

用于取暖的化学暖贴

天气寒冷时使用化学暖贴（又名暖宝宝）取暖非常方便。其发热也是利用了氧化原理。让我们来看看它的"生热之道"吧。

被氧化后释放热量

我们已经知道了物质被氧化之后会释放热量。这是因为发生了化学反应，一部分物质转变为了热量（详细内容请参阅本书第77页的"氢氧混合引起爆炸！"）。但有时是剧烈的氧化导致过热燃烧，有时又是缓慢氧化仅仅导致了生锈，散发的热量无法感知。所以我们可以做出这样的设想：只要控制好氧化的速度，应该就可以得到理想的温度。

真暖和啊，寒冷的日子里，还真是离不开它

4

爆炸·燃烧·发光

化学暖贴的工作原理及制造方法

下图形象地反映了化学暖贴的工作原理。化学暖贴的原料是铁粉、水和盐等。而且不仅仅是其内部，就连作为包装使用的外袋也扮演了重要角色。

内袋

通常采用空气无法透过的无纺布。这样一来空气无法进入，所以开有几个小孔。另一侧的胶布面也采用了可以控制空气透过（穿过）量的特殊无纺布。

外袋

暖贴一接触到空气就开始发热，过了一定时间就不能再使用（热量释放完毕）。为了保证其使用效果，外袋使用了特殊的材质防止空气进入。

原料

大部分的原料是在氧化反应（生锈同理）下可以产生热量的铁粉（块状难以氧化，所以采用细铁粉），为了加快其氧化速度，其中还加入了水和盐。另外，为避免水分导致的袋内潮湿，还加入了发挥吸水作用的人造土。

※以前的暖贴都是将铁粉和食盐水分别放置，使用时再将二者糅合，让二者混合后发生化学反应。最近的"便携式暖贴"中，铁粉和食盐水均匀地在袋中混合，只要一拆封与氧气接触就立即产生反应放出热量。

发光

大爆炸时不仅会发热，产生气浪和声音，还会发光。篝火和蜡烛燃烧时，也会产生光和热。屡屡和热一起出现的光到底是怎么来的呢？

光这种物质

我们的周围被各种各样的光包围。能够到达我们眼中的光大致分为两种。一种是自身放光直接照射到我们眼中的，另一种是某个物体发出的光通过其他物体反射到我们眼中。

真漂亮呀

啊，北斗七星！

自身发光的物体，在黑暗之中仍然可见

光是能量

在饥饿状态下我们会感到没有力气，这就是能量不足的表现。饱餐一顿后我们又充满能量到处玩耍，这就是通过进食获取能量。能量可以使得物质运动，某些时候也会被运用到工作中。可以说能量就像货币一样驱使着自然界运动。

能量包括动能、电能、热能、化学能等。而且，光能也属于能量的一种。

●能量的变身

上面列出的能量都可以变身为其他种类的能量，例如以下这几种情况。

动能转化为热能

高速行驶的汽车突然急刹车时，轮胎与地面摩擦生热。这就是运动能转化为热能的实例。

光能转化为热能

即便是冬天，只要晒一会儿太阳就能感觉暖和。这就是光能转化为热能的实例。

化学能转化为热能

如本书第81页内容所示，木头在燃烧时发生氧化（化学反应），结果就是化学能转化为了热能放出热量。

动能转化为电能

风力发电就是将风的运动能转化为电能。风力发电机的叶片旋转引起其旋转轴也跟着旋转，这一运动使得发电机运作发电。

光能转化为电能

太阳能发电，就是将太阳发出的光转化为电能。

高温下发光

物质在非常高的温度下，不仅释放出热量，还会发光。

早在远古时代，人类就开始利用物质燃烧达到高温时发出的光用于照明。灯泡发光发亮的时候虽然没有在燃烧，但是灯泡内的金属丝通电后会发热，达到高温后就会发光。这也是灯泡工作一段时间后表面摸上去很烫的原因。

另外，包括太阳在内的发光恒星（月亮和行星不是恒星，他们自身并不发光，而是反射太阳光）都处于高温状态且在燃烧。例如，太阳中心的温度是1500万摄氏度。表面的最低温度也达到了6000℃。所以太阳才能发出强光并照射到四面八方。这种光十分耀眼，如果长时间盯着太阳，可能会导致眼睛灼伤。

太阳之外的一些恒星甚至温度比太阳还高，并且也在燃烧。但是它们的光非常弱，我们几乎完全感觉不到它们的热量。这是因为他们距离地球实在太远。从太阳发出的光的8成左右可以射到地球表面，而离太阳最近的恒星（半人马座α星）发出的光射到地球需要4年之久。所以说，如果地球周围存在释放出高温的巨大星球的话，我们早就化为灰烬，不复存在了。

并不热的光

初夏是观赏萤火虫的大好时节。萤火虫尾部可以发光。那这些光温度很高吗？答案是温度并不高，就算用手直接接触到萤火虫，也一点都不烫。如果温度很高，那萤火虫自身就会禁受不住而死亡。

萤火虫体内含有一种名为荧光素的物质。这些物质经氧化反应后会发出并不是很热的光。

可由光的颜色推断温度

家庭中使用的电暖器在按下开关，温度上升后开始发出类似红色的光，温度持续升高后又渐渐变为黄色再到近似白色。由此可知，根据温度变化，发光体发出的光的颜色也会变化。

仔细观察夜空中的繁星会发现，其中有蓝白色的，有黄色的，也有近似红色的，颜色其实各不相同。这是由各星球表面的温度不同所致。低温的星球呈现红色，而且随着温度增加，会渐渐变为黄色再到蓝白色。

主要的恒星及其表面温度

星球的名称	星座	颜色	表面温度
天狼星	大犬座	白	9900K
猎户座β	猎户座	白	11500K
太阳		黄	6000K
猎户座α	猎户座	橙色	3500K
天蝎座α	天蝎座	橙色	3500K

K为绝对温度，中文"开尔文"，0℃为273.15K

化学反应发光

　　某分子和其他分子结合生成另一种分子。这就是化学反应。

　　此时，原来的分子（♥）和其他分子（♠）所带的能量并不一定等同于生成后分子（♣）所带的能量。如果新生成的分子能量高，则是通过反应吸收外部能量，弥补了本身不足的部分（造成周围热量被夺取，温度下降）。

　　相反，如果新生成的分子（　）的能量低于原来的两种分子（●和　），因为能量有剩余，必须通过某些方式排放到外部。此时，能量既可能变为热量释放，也有可能以光的形式释放。发光反应中释放的绝大部分能量都是以光而不是以热的形式释放。

能量

与♥和♠相比，♣的能量更高，不添加能量无法进行反应。

与●和　相比，　的能量更低，剩余的能量需要以热或光的形式释放。

总体的量并没有变化

　　我们通过前面的学习已经了解到能量可以变身为多种形式。而这个变身过程中有一个重要的定律，那就是"变身前后，总能量不变"。也就是说，能量变身时，并不会变多或者变少。这就是"能量守恒定律"。

荧光棒

　　在盛大的节日活动中一些店铺售卖的"发光手环"也是依靠化学反应实现发光效果。原理是通过2种液体（A液体和B液体）混合发生化学反应后发光，但使用之前通过巧妙设计使得这两种液体无法接触混合。弯折外部的软管后，内侧的玻璃断裂两种液体接触发生反应并发光。

　　因为这种发光不依靠电流，也不会起火，所以在人多时也不会产生危险。

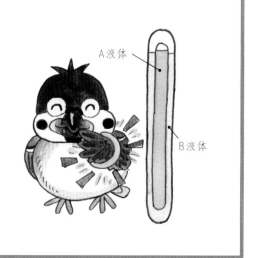

A液体

B液体

预防身体氧化的维生素 C

维生素C可以起到减缓身体氧化的作用。让我们利用药店里出售的维生素粉末来做下实验吧。如果买不到维生素C的粉末，也可以用柠檬汁代替。

● 保持苹果原色

<准备的物品>
维生素C粉末、苹果、钢丝球、塑料容器、水果刀、盐

<实验方法>
1 苹果的实验 将苹果对半切开，在其中的一面撒上维生素C粉末
2 钢丝球的实验 在两个容器中分别加入盐水，给其中的一杯加入一勺维生素C粉末溶解。然后再分别加入钢丝球，观察其状态变化

<结果>
不论是苹果还是钢丝球都会被氧化，一段时间后渐渐变为褐色。而加入维生素C的一方几乎完全没有颜色变化（详细内容请参阅本书第45页）

涂有维生素C的苹果，保持着原色

● 维生素 C 在哪里?

<准备的物品>
漱口剂（添加有碘）、透明杯子、菜刀、想调查了解的水果（柠檬、猕猴桃、草莓等）和蔬菜（卷心菜、菠菜等）、茶、醋等

<实验方法>
1 每100毫升水滴入12滴左右的漱口剂，调和成漱口剂实验液（淡褐色）
2 紧捏柠檬至出汁，卷心菜等则切细剁碎
3 取漱口剂实验液20毫升至透明杯中，一滴一滴将水果和蔬菜汁滴入其中观察颜色变化。切细剁碎的卷心菜等也倒入实验液观察其颜色是否会消失

诶？颜色消失了！

<结果>
如果水果或蔬菜含有维生素C，褐色实验液的颜色会消失。

如果未混入则不会使得颜色消失。

如果加入足量的维生素C，只要几滴就可以使得实验液的颜色消失。如果含量不足则需要多加入一些。哪种水果中维生素C含量高，也许会得出令人意外的结果哦。

除了水果和蔬菜，也可以拿路边的草和树木的果实等来进行实验。

● 变色的原理

维生素C会从其他物质那里夺取氧使自身氧化。而漱口剂中的碘拥有易于氧化其他分子的性质。所以，两者相遇会立刻产生反应。褐色本来是反应前碘分子的颜色，反应后生成了不一样的分子，所以褐色随之消失。

第 5 章

结合

分子由原子构成，原子通过一定的作用力，以一定的次序和排列方式结合成分子。

那么分子大量结合而成的巨大分子呢？其学名叫做高分子。

而"大量"到底指多少？

让我们一边观察身边的高分子都变身构成了哪些物质，

一边思考"结合"的内在含义吧。

高分子到底是什么?

你听说过"高分子"吗? 其实在我们身边的很多物质,都是由高分子构成的,可以说高分子就在我们身边。例如我们吃的大米、肉、蔬菜等,它们都是由淀粉、蛋白质、纤维素等分子构成的,这些分子也都属于高分子。而且,橡皮擦、塑料杯、塑料袋、橡皮球等,都是由人工制造的高分子构成的。

分子结合而成的巨大分子

高分子是由许多微小分子结合成的巨大分子,这类巨大分子的重量与原子中最小的氢原子相比,大约是其1万倍以上。

虽然被称作巨大分子,但不使用显微镜还是难以寻觅其踪迹。水分子重量是氢原子的18倍,稍大一些的葡萄糖分子重量是氢原子的180倍,通过这一组对比数据我们也能大致了解比氢原子重1万倍的巨大分子的大小。

如果把我比作氢原子,高分子大概有狮子这么大!

麻雀春太的体重大约是25克,体重是其1万倍的动物有狮子和老虎。所以,我们可以大致推算出氢原子和最小的高分子间的重量差就像春太和狮子间那么大。

●巨大的分子
较大的淀粉分子重量大约是氢原子的数百万倍,而构成植物的纤维素分子的重量大约是氢原子的数千万倍。

我们身边的高分子数不胜数

高分子分为原本存在于自然中的天然高分子和人工制造的合成高分子。构成动植物的细胞、构成草木的纤维、从橡胶树中提取的橡胶等，都是由天然高分子构成的。塑料（较坚硬，薄膜状的）、化学纤维（尼龙等）、合成橡胶（硅胶等）就是由合成高分子构成的。

在下图中登场的物质，几乎是由高分子构成的。树木、花朵、昆虫、自行车（橡胶、塑料）、头盔、快餐（盒子与其中的食物）、塑料瓶，还有麻雀春太的身体，还有读者朋友你们的身体也是由高分子构成的。

结合在一起的"众多"分子

高分子由众多分子（"单体"，又被称为"monomer"）结合成，也被称为聚合物（polymer）。"mono"在希腊语中的意思为1个，"poly"的意思为"众多"。分子不断**重叠**至**合体**的过程，被称为聚合。

众多单体（monomer）结合，形成聚合物（polymer）

人工制造的合成高分子的英文名称前大多带有"poly"这个词缀。因为高分子都是使众多（poly）分子合体后制成的。

垃圾袋和点心袋使用的PE（聚乙烯），是由从石油中提取的乙烯这种小分子结合后制成。因为是由众多乙烯分子聚合而来，所以得名聚乙烯。

乙烯

碳

氢

大量结合（聚合）

聚乙烯

由众多分子结合而成的巨大高分子被称作聚合体（polymer）。聚乙烯就是由大量乙烯分子结合而成的物质。

聚乙烯水桶是不是由众多乙烯水桶结合而成的呢？？

大错特错！聚乙烯水桶是由聚合物制成的水桶的意思啊！

乙烯是什么？

乙烯是从石油中提取出的气体。苹果成熟的时候，苹果皮也会释放乙烯（气体）。如果将其他的水果和苹果放在一个袋中，其他水果会熟得更快，所以乙烯又被称作"衰老气体"。

乙烯分子单个存在时形成的是气体，大量结合后变身为固体

香蕉和苹果放在一个袋子中，香蕉会很快变熟

便利的合成高分子的优缺点

合成高分子的主要原料石脑油通常是由石油蒸馏而成的。石脑油加热后分解所得的乙烯和丙烯等聚合后制成合成高分子。因为合成的高分子可以被加工成为任意的形状，所以其名称塑料脱胎于希腊语"可随意塑形"的意思。

塑料产品的制造方法主要可分为两种。一种是像制作巧克力那样先加热使其溶化后注入模具，另一种是像制作饼干那样使其受热凝固。塑料成型的方法也不仅仅只有注入模具一种，还有像凉粉一样倒入筒内挤出成型、压延成薄片的成型方式等，甚至可以制造出如泡泡那样膨胀的塑料薄膜。

● **优点**

拥有可塑性强、轻薄、坚固等优点的合成高分子，已经广泛应用于我们生活中的许多地方。现在已经开发出了诸如制造保暖内衣的纤维、导电的塑料、可储水的高分子等一系列产品，提供给了我们天然高分子无法达到的便利。

在沙漠的沙子下铺满高吸水性高分子，可以储藏水分

有了这件内衣，就不怕寒冷了！

在沙漠中也能种植草木了

水

排汗且能锁住较热空气的纤维内衣，可以御寒

● **缺点**

坚固及耐用既是高分子的优点也是缺点，这样一来，废弃物品会一直保持其原有状态，危害环境。为解决该问题，业界开发了可被微生物分解的塑料。

不过过度使用也有可能导致原材料——石油资源的枯竭，所以通过循环和二次利用等方式保护资源很有必要。

塑料也有很多种类

塑料

① PET 聚酯　塑料瓶
② 硬聚乙烯　聚乙烯水桶
③ 聚氯乙烯　塑料包、橡皮擦
④ 软聚乙烯　塑料袋
⑤ 聚丙烯　厨房用品、快餐盒
⑥ 聚苯乙烯　电视机外壳等
⑦ 其他·加热后变硬的塑料　餐具、纽扣

土豆的真面目

土豆即便是蒸一蒸也非常好吃。那土豆中到底含有哪些成分呢？土豆又是由哪些原子和分子变身而来的呢？

田地里的土豆

在种有土豆的田地里怎么也找不到土豆的踪影。这是因为土豆长在地下。红薯等其他薯类作物，也是如此。春天放置在厨房里的发芽土豆如果再埋入地下，就会萌发叶子长出茎，并开出小花朵。花谢后，叶子也随之枯萎。这时去挖掘就会发现地下又长出了新的土豆。但最初种下的土豆（土豆种子）枯萎了。

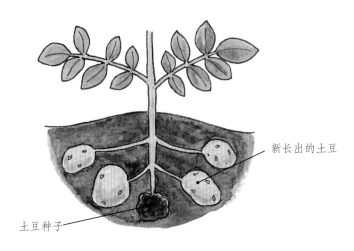

新长出的土豆

土豆种子

发芽的土豆埋入土中，一段时间后萌发叶子并开花，在土中结出新的土豆

土豆生长的过程

种植在田地里的土豆利用土豆种子的养分发芽,萌发叶子。之后,叶的叶绿体部分进行光合作用使之继续生长。

白天,叶绿体利用太阳的能量,以二氧化碳(2 个氧原子和 1 个碳原子)和水(1 个氧原子和 2 个氢原子)为原料,生成葡萄糖（ 6 个碳原子、12 个氢原子、6 个氧原子 ）这种糖类物质。数千个葡萄糖结合为淀粉,储藏在叶绿体内。葡萄糖和淀粉是作为原料的二氧化碳和水变身而来的,由碳、氢和氧构成。

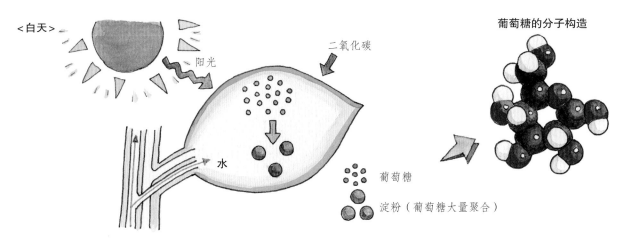

葡萄糖的分子构造

＜白天＞

阳光

二氧化碳

水

葡萄糖

淀粉（葡萄糖大量聚合）

叶绿体在白天利用太阳的能量，将二氧化碳和水作为原料合成葡萄糖。葡萄糖变为淀粉，储藏在叶绿体中。

到了夜里，叶绿素中储藏的淀粉溶解于水，分解为葡萄糖，通过筛管（养分的输送渠道）在植物中循环，为茎、叶生长，花开提供了养分。

大量葡萄糖作为原料，聚合成名为纤维素的高分子，其构成了植物的茎、叶、花部分。一部分的葡萄糖通过筛管被输送至种子、果实、根和地下茎，又再次结合为淀粉被储藏。稻、小麦的种子中，土豆的地下茎中都储藏有淀粉。土豆中包含的满满的养分，就是在叶子中产生的淀粉。

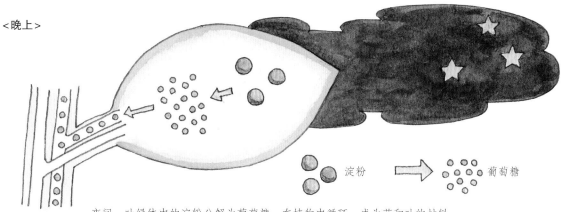

<晚上>

夜间，叶绿体中的淀粉分解为葡萄糖，在植物中循环，成为茎和叶的材料。

●糖和淀粉的变化

葡萄糖和构成植物的纤维素，都可以变身成作为养分被储藏的两种淀粉。淀粉在植物中反复着被分解与聚合。

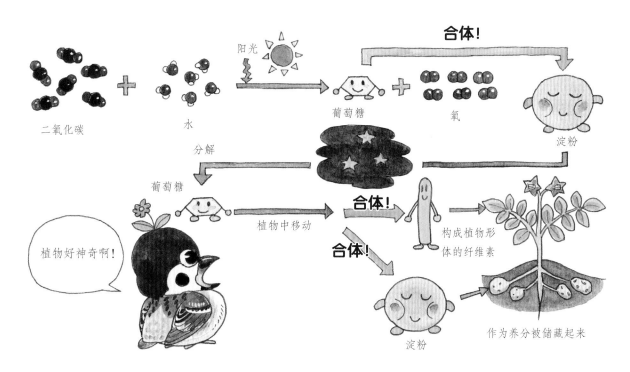

二氧化碳 ＋ 水　阳光　葡萄糖 ＋ 氧　**合体！**　淀粉

分解　葡萄糖　植物中移动　**合体！**　构成植物形体的纤维素

植物好神奇啊！

合体！　淀粉　作为养分被储藏起来

●种子

植物的种子。比如稻的种子是米。

●地下茎

位于地下的茎。

不同种类的植物所含的淀粉也不同

比如厨房中就有许多种淀粉，让我们了解一下都有哪些吧。

厨房中的淀粉	原材料植物种类	淀粉储藏的位置
面粉	小麦	种子
马铃薯淀粉	土豆（过去多用山慈菇）	土豆（地下茎） 山慈菇（根）
玉米淀粉	玉米	种子
大米粉	米（粳米）	种子
糯米粉	米（糯米）	种子
葛粉	葛	根

植物种类不同，淀粉粒子的大小和构造也不同。这是由于构成淀粉粒子的直链淀粉这一成分的比重不一样所致。所以，各种粉的性质也不一样。

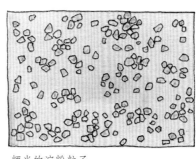

粳米的淀粉粒子

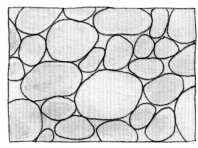

土豆的淀粉粒子

直链淀粉和支链淀粉

淀粉是由数千个葡萄糖像锁链一样结合而成。根据其结合方式，形成了"直链淀粉"和"支链淀粉"两种性质不同的成分。

再详细观察左图和本书第22页、第23页的淀粉图后可知，以锁链状形式结合的葡萄糖如下图所示呈现弹簧的形状（螺旋构造）

上　直链淀粉。葡萄糖的分子笔直排列，构造就像手牵手一样。
下　支链淀粉。有些地方呈分支排列。

因为支链淀粉呈分支排列，所以容易缠绕在一块。由土豆制成的马铃薯淀粉、糯米制成的糯米粉当中就富含支链淀粉，所以容易缠绕在一块，黏性强。

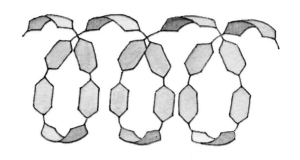

淀粉遇碘反应

往淀粉上滴淡褐色的碘液的话，碘液的颜色会产生变化。这种反应被称为淀粉遇碘反应。淀粉种类不同变成的颜色也不同。没有分叉的直链淀粉呈蓝色，有分支弯曲的支链淀粉呈紫红色。

碘液颜色变化与淀粉分子结构有关。未加热的淀粉，无论是直链淀粉还是支链淀粉都像弹簧一样呈卷曲结构（螺旋构造），此时添加碘液，碘分子会嵌入淀粉的卷曲部分并形成较弱的结合。呈该结构之后会反射蓝色－紫红色的光，颜色发生变化（淀粉的螺旋构造较长则变为蓝色，较短则变为紫红色）。对溶液加热后淀粉和碘的结合被切断，嵌入螺旋构造中的碘流出（结构也随之变化），色泽消失（详情请参阅本书第33页"变色"部分的内容）。为检验光合作用中叶子生成淀粉时，也会用到这个反应。

●**实验 调查颜色的变化**

往马铃薯淀粉和面粉等粉中，试着倒入以水稀释10~20倍的漱口剂（含碘）。可以观察到，淡褐色的液体变为蓝或紫红色。而且将其放入盘中，再用微波炉加热3秒左右，颜色会瞬间消失！颜色产生、消失是因为淀粉链条中的碘进出导致了结构变化所引起的。

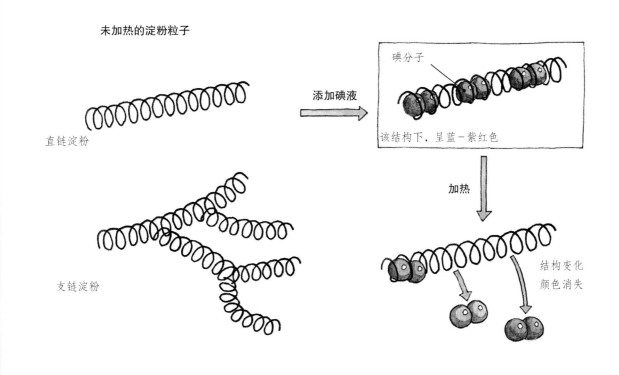

未加热的淀粉粒子

直链淀粉

支链淀粉

添加碘液

碘分子

该结构下，呈蓝－紫红色

加热

结构变化
颜色消失

●碘

　海藻中富含的成分。市场上销售的漱口剂（褐色液体）中有添加。

淀粉和纤维素——虽然相似，但却大不相同

构成植物的茎和叶子等部位细胞的纤维素与淀粉一样，是葡萄糖大量结合而成的高分子。

其结构为笔直的长条锁链状，餐巾纸和棉花的纤维等就是由纤维素构成的。纤维素的结构虽然和淀粉很像，但仔细观察可以发现，纤维素中的葡萄糖在结合时呈上下交错状态。结合的结构不同，结合出的物质的性质也完全不同。淀粉构造就像弹簧呈螺旋状，而纤维素的构造就是笔直的。

纤维素的结合

虽然和淀粉很像，但纤维素中的相邻葡萄糖环是倒置的。也正是因为不像淀粉那样拥有弹簧式构造，所以添加碘液也不会引起变色

以纤维素为营养来源的食草动物

牛羊等食草动物食用含有大量纤维素的草，并将其转化为能量。食草动物的胃中，生存着能够分泌出消化酶切断纤维素的细菌（肠内细菌）。食草动物借助细菌的力量以草为营养来源。

●无法成为人类的营养

我们虽然可以通过吃土豆和米以获取营养，但却不能通过吃纸来从纤维素中获取营养。人体摄取淀粉后，消化酶会将淀粉的长锁链切断，使其变小后再吸收。淀粉如果保持较大的高分子状态则无法通过小肠壁。消化酶就像一把剪刀，发挥着切断淀粉的作用。但是，消化酶能剪断的对象却仅限于淀粉，消化酶无法切断淀粉之外的物质。同时，因为人体体内不含切断纤维素的消化酶，所以保持着较大的分子状态的消化酶无法通过小肠壁，只能成为粪便被直接排出体外。

你的身体也是高分子

构成我们身体的肌肉、血液、头发、指甲、唾液等都是由蛋白质这种高分子构成的。人体内约有 20% 为蛋白质。

蛋白质的原料

构成人体的蛋白质由20种氨基酸分子像锁链一样连接为一列的高分子。蛋白质种类不同，其使用的氨基酸种类、结合的数量、结合的顺序也都不一样。20种氨基酸能够结合出的蛋白质种类可以说是无限多，而构成我们身体的蛋白质种类一共有10万种左右。

不论哪种蛋白质都是由氨基酸连接而成。只要氨基酸的种类、数量、连接顺序有1处不同，就会形成另一种蛋白质。

功能不同，结构也不同

蛋白质根据其在人体内"发挥的作用"不同，结构也有所不同。例如，牢固而又柔软的头发就是由细长的角质蛋白构成的。血液中承担着运送氧气的作用的血红蛋白，构成了易于在血管中流通的红细胞。

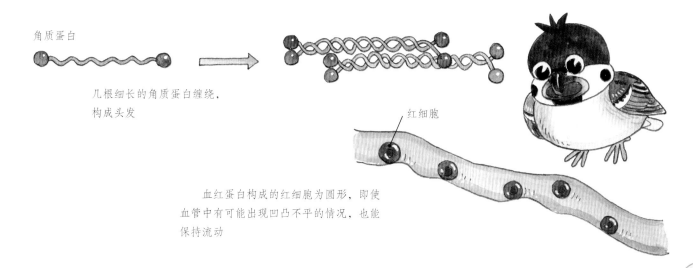

角质蛋白

几根细长的角质蛋白缠绕，构成头发

红细胞

血红蛋白构成的红细胞为圆形，即使血管中有可能出现凹凸不平的情况，也能保持流动

氨基酸的连接方式

构成蛋白质的原料氨基酸的构造如下图所示。根据种类不同😊（侧链）的部分也不尽相同。但除此之外都是由相同的原子构成的。

侧链。不同种类的氨基酸，使用不同的原子。氨基酸的性质由该侧链决定

氨基。由1个氮和2个氢构成。

羧基。由1个碳、2个氧、1个氢构成。

氨基酸像锁链一样连接成一列所构成的物质就是蛋白质。

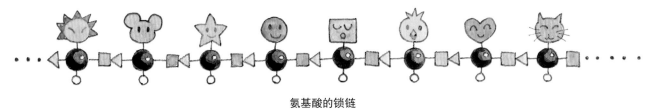

氨基酸的锁链

仅仅形成氨基酸的锁链还不足以使其发挥作用。在体内发挥相应作用的必须为立体构造。为长锁链立体化做出突出贡献的是20种氨基酸的侧链部分。特性相合的侧链（比如💙和⭐）会彼此亲近，不想彼此接近的侧链（例如🐵和♣），则会相互排斥。这类现象循环往复，较长的氨基酸锁链变弯曲折，交错盘结，形成了立体构造。20种氨基酸以多样的顺序排列、不同数量结合决定了蛋白质的立体构造。

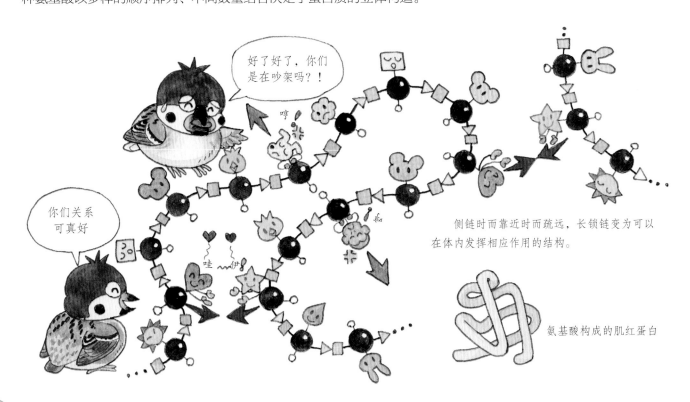

好了好了，你们是在吵架吗？！

你们关系可真好

侧链时而靠近时而疏远，长锁链变为可以在体内发挥相应作用的结构。

氨基酸构成的肌红蛋白

也存在非圆形的红细胞

　　构成血红蛋白的氨基酸只要有一处和平时的不一样，就会导致蛋白质的结构变化，所以也有呈割草镰刀形状的红细胞。这类红细胞被称作镰刀形红细胞。因为其两端较尖，所以易于在狭窄的血管内引起堵塞，或者是自身破裂。与圆形红细胞相比，镰刀形红细胞在血管内不易流通，不能在体内充分地运送氧气。

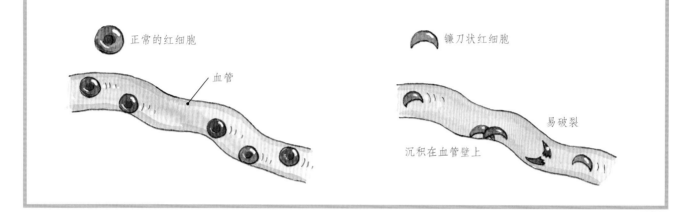

蛋白质的消化与分解

　　因为我们体内的蛋白质在不断进行着新陈代谢，所以我们每天必须从食物中摄取氨基酸作为制造蛋白质的原料。

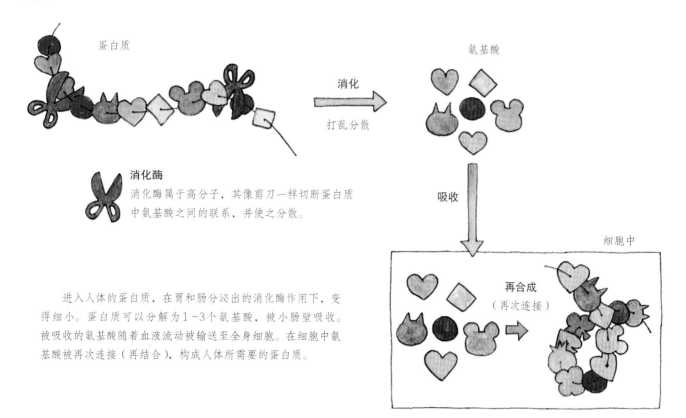

　　进入人体的蛋白质，在胃和肠分泌出的消化酶作用下，变得细小。蛋白质可以分解为1~3个氨基酸，被小肠壁吸收。被吸收的氨基酸随着血液流动被输送至全身细胞。在细胞中氨基酸被再次连接（再结合），构成人体所需要的蛋白质。

高分子的有趣实验

这个实验在我们生活当中就能完成，让我们通过实验试着测试一下高分子的特性吧。因为要使用到药品，所以实验时一定要有成人与你一同完成哦。

橡胶的能量

用实验确认橡胶伸缩时的温度变化。

<需准备的物品>橡胶气球和水气球（橡皮筋也可以）

<实验>

① 轻轻地将橡胶贴近嘴唇，感受其最初的温度

② 如图拉伸橡胶，再次将其贴近嘴唇。与刚才相比，橡胶的温度有什么变化？

③ 停止用力，使拉伸过的橡胶缩短，同样，试着贴近嘴唇

① 感受橡胶最初的温度　　② 向两侧拉伸橡胶　　③ 停止用力，使拉伸过的橡胶缩短

<结果>② 时的橡胶感觉较温热，③ 感觉温度较低

<原因>

橡胶是细长的高分子。为使橡胶牢固，需向橡胶分子中加入硫黄使之连接，形状好像网眼一样。橡胶分子弯弯曲曲，运动时就像在左右摇摆。

橡胶被拉伸后网眼受到外力作用，橡胶分子强行被拉直，不能自由运动。实验② 中感觉到橡胶变热就是因为摇摇晃晃运动着的橡胶分子一下子被拉伸不能运动，为运动需要准备的能量积攒起来变为热能释放出来。

与之相反，③ 中放松被拉伸的橡胶后橡胶分子又能够自由运动，从周围获取能量开始运动。这时将橡胶放置于嘴唇边缘的话，会夺取皮肤的热量，使我们感觉到温度较低。

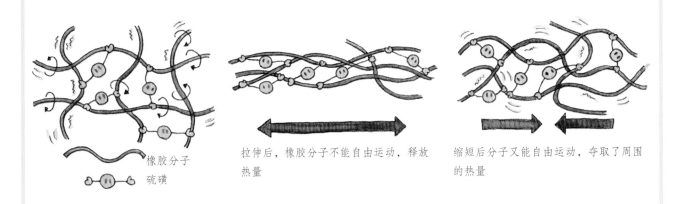

橡胶分子　　拉伸后，橡胶分子不能自由运动，释放　　缩短后分子又能自由运动，夺取了周围
硫磺　　热量　　的热量

尝试用草和蔬菜造纸

我们平时使用的纸张是由纤维素交织而成的。让我们利用草和蔬菜，试试造纸吧，

<需准备的物品>

草叶（可以尝试使用艾叶、蒲公英、狗尾草等种类的草叶）。蔬菜的叶和皮、搅拌机、水、网眼很细的滤网（厨房用滤水网等即可）、泡沫聚苯乙烯托盘（相同形状2个）、报纸、纸巾

<做法步骤>

1. 将一把草叶、剪碎的1张纸巾、水（1杯，200毫升）一起倒入搅拌机，搅拌30秒（放入纸巾是为了起到黏合草纤维的"糨糊"作用）
2. 将两个泡沫聚苯乙烯托盘重叠，剪下希望得到的形状。为使剪过后的空孔部分装有滤网，所以将滤水网夹在2个泡沫聚苯乙烯托盘之间。用勺子舀起步骤1中制成的黏稠叶子浆，往空孔处的网上倒。
3. 一边调整形状，一边在报纸上轻轻压住以吸水。轻轻地挪开托盘，拿起滤网。将其翻过来放在干燥的报纸上，移走滤网，进行干燥（放置在通风好的背阴处半天左右，如果时间不允许，则用报纸夹住，用熨斗熨烫）。

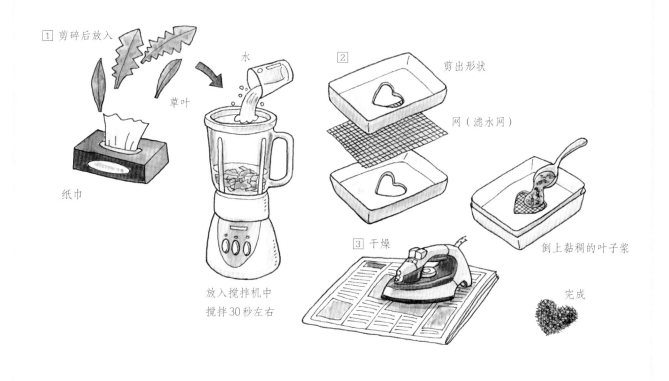

1 剪碎后放入

草叶

纸巾

水

放入搅拌机中
搅拌30秒左右

2 剪出形状

网（滤水网）

3 干燥

倒上黏稠的叶子浆

完成

●试着观察

将纸巾、报纸、厕纸、日本纸等剪碎，用放大镜观察切口处的话，应该能看见细细的纤维吧？我们平时使用的纸张都是用从树木中提取出的纤维制成的，但是也有利用草叶、竹子、香蕉的茎等来造的纸。另外，还有以人工纤维为原料的合成纸。聚丙烯制成的合成纸隔水性强、不易破，常被用于制作地图，这种纸很难形成折痕，折过之后也能立刻打开，也常用作选举时的投票用纸。

来制作矿泥吧

你亲手制作过触感柔滑的矿泥吗？矿泥就是使用了聚乙烯醇（PVA）这种高分子合成的洗涤浆（PVA浆）。让我们来体会一番自制矿泥的乐趣吧。

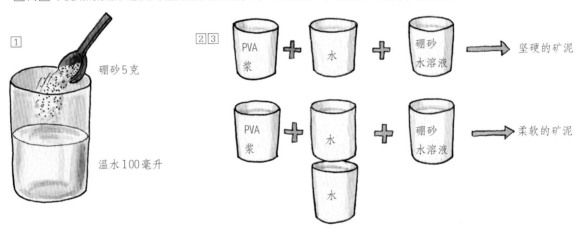

<需准备的物品>

　　合成洗涤剂（标明含PVA成分）、硼砂、食盐、白糖、醋、纸杯、一次性筷子

<做法步骤>

① 将5克硼砂放入100毫升的温水中溶解

② PVA洗涤剂中倒入水稀释。如果二者比例为1：1则形成坚硬的矿泥，如果二者比例为1：2则形成柔软的矿泥（如果希望给矿泥着色，可以混入食用色素或颜料）

③ 向②中使用的浆加入接近等量的硼砂水溶液，用一次性筷子均匀搅拌。水分消失后完成

①

硼砂5克

温水100毫升

② ③

PVA浆 ＋ 水 ＋ 硼砂水溶液 ➡ 坚硬的矿泥

PVA浆 ＋ 水 ＋ 硼砂水溶液 ➡ 柔软的矿泥

水

●矿泥到底是什么？

　　PVA浆中加入硼砂，就会如下图所示形成网眼，可以锁住水分。这就是矿泥。矿泥虽然是一种缓慢流动的液体，但是也具备固体的性质。如果做成坚硬的矿泥，它既能像球一样弹起，也可以拉伸为细长形。

　　我们可以在坚硬矿泥的弹性表面作画玩一把"印章"游戏。如果是柔软的矿泥，只要将其封入两个相连的塑料瓶中，矿泥就能像沙漏一样缓缓地掉落。好好享受一下矿泥沙漏带给我们的乐趣吧。

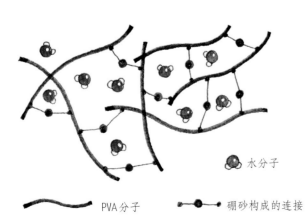

水分子

PVA分子　　硼砂构成的连接

● **附加实验**

取出一些制成的矿泥放入盘中，在矿泥表面撒上些盐。

<结果>

矿泥虽触感柔滑，但绝不会渗出水来。而撒上盐混合后，矿泥就会渗出水来，分成了有一定弹性的块状固体和水。

※ 用白糖也来做一次相同的实验吧。虽然结果不完全一样，但是同样也会渗出水珠。

十分相似！矿泥和蛞蝓（俗称鼻涕虫）

往矿泥上撒盐，矿泥中的水分会渗出到外部。因为水会从食盐少的地方移动到食盐多的地方。不仅是食盐，撒上白糖也会产生同样的现象。

溶质（食盐或白糖等）溶解于溶媒（水等）的溶液与浓度不同的溶液混合后，无须搅拌整体就能达到相同的浓度。因为溶媒会从溶质较少的地方移动至溶质较多的地方。向蛞蝓身上撒盐会渗出水的原因与上述的原因相同。

矿泥　　　食盐　　　蛞蝓

撒上食盐和白糖，水分会渗出

● **附加实验**

在加上食盐或白糖后，再立即加上醋。遇到醋后的矿泥会整体变为水一样的物质。这就是构成网状结构的硼砂连接（参阅本书第110页）与醋中所含的氢离子结合，网状结构遭到破坏。此后网状结构不复存在，矿泥会变会为原材料洗涤剂和水。

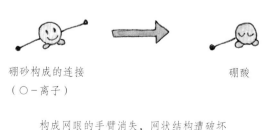

硼砂构成的连接　　　　　　硼酸
（○－离子）

构成网眼的手臂消失，网状结构遭破坏

会收缩的塑料板

大家玩过塑料板（遇热收缩的塑料板）吗？在塑料板上用油性笔画画或涂上些图案，再放入烤箱中加热，塑料板会立即收缩，但也会变厚变硬。将塑料瓶剪开同样进行加热，也会和塑料板一样收缩。加热的塑料板会变成较平整的板状，塑料瓶的切片又会变成什么样子呢？

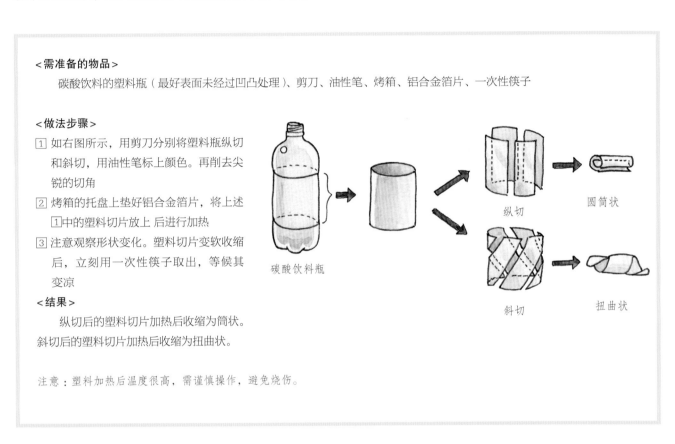

＜需准备的物品＞

碳酸饮料的塑料瓶（最好表面未经过凹凸处理）、剪刀、油性笔、烤箱、铝合金箔片、一次性筷子

＜做法步骤＞

1. 如右图所示，用剪刀分别将塑料瓶纵切和斜切，用油性笔标上颜色。再削去尖锐的切角
2. 烤箱的托盘上垫好铝合金箔片，将上述①中的塑料切片放上 后进行加热
3. 注意观察形状变化。塑料切片变软收缩后，立刻用一次性筷子取出，等候其变凉

＜结果＞

纵切后的塑料切片加热后收缩为筒状。斜切后的塑料切片加热后收缩为扭曲状。

注意：塑料加热后温度很高，需谨慎操作，避免烧伤。

碳酸饮料瓶

纵切

圆筒状

斜切

扭曲状

为什么会收缩？

塑料瓶的成型方法

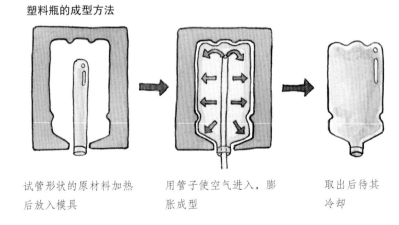

试管形状的原材料加热后放入模具

用管子使空气进入，膨胀成型

取出后待其冷却

塑料板和塑料瓶分别是由聚苯乙烯和聚对苯二甲酸乙二酯制成。它们都属于塑料，遇热后分子间结合力变弱，而分子运动频繁更使其变软。就像被拉伸过的橡胶一样也拥有回到原本形状的特性，所以会收缩。

塑料板是聚苯乙烯原料板加热变软后，拉伸变薄所制成。薄塑料板受热后会变软收缩变厚，等于是回复到了本原材料的形状。塑料瓶是由试管那样的聚对苯二甲酸乙酯原料放入模具中加热使其变软，再吹入空气使其膨胀所制成的。与塑料板不同，塑料瓶的原材料是圆筒形，所以剪下塑料瓶加热会使其缩小变为圆筒状或者扭曲状。

6章

万物循环

所有的物质都是由原子构成的。

原子结合形成分子，分子结合成为高分子……

我们已经见识了物质逐步变身的过程。

反之，较大的分子也会被酶像剪刀一样剪开，通过化学反应变为其他物质。

这种变身到底会持续到什么时候？

变身持续到什么时候？

地球上的所有物质都是由原子构成的。原子又结合成为分子，分子之间时而"携手同行"，时而"独善其身"，时而"周游四方"，形态可谓变化多端。纵观整个形态变化的过程……

最后结果又是什么呢？

物质在不断循环之中

我们已经探究了篝火熄灭时木柴燃烧殆尽的原因（本书第81页）。然而木柴并未凭空消失，而是变成了肉眼看不到的二氧化碳与水蒸气。

垃圾被回收车收走后，似乎就从我们的面前消失不见了。其实垃圾并没有凭空消失，而是经过焚烧、掩埋等多种处理，变成了其他形态。

较大的分子也能分解为较小的分子或原子，之后还可以变身为另一种分子的一部分。也就是说，物质在重复着分解与结合的过程，进行着持续地变身而没有消失。

构成山峰的巨大岩石有时在河水冲刷作用下被冲到下游，有时又受树木根系侵蚀而破碎变小。在漫长的岁月中，巨大的岩石变为砾石、沙子，再变小一些就成为了黏土。从表面来看，岩石好像是消失了。但沙子和黏土又经过漫长积累，被重新压紧固结，又成为岩石。这些岩石在地壳作用下，也许经过数万年之久，又会再一次隆起于地表之上成为山峰。

最高层次的循环

我们的餐桌上经常出现热腾腾的米饭和鱼。米饭中含有淀粉，鱼中含有大量蛋白质。淀粉和蛋白质属于高分子，不能直接被肠道吸收。必须依靠胃和小肠将其切断，变小到单个或2个葡萄糖或氨基酸大小就可以被吸收了。吸收之后根据身体需要，构成蛋白质分子或成为能量的来源（详细内容请参考本书第105页"你的身体也是高分子"这一部分内容）。老化和不需要的物质会再经过分解，通过呕吐、排尿、排便方式排出体外。人体内无论何时都在进行着这样的分解与结合。

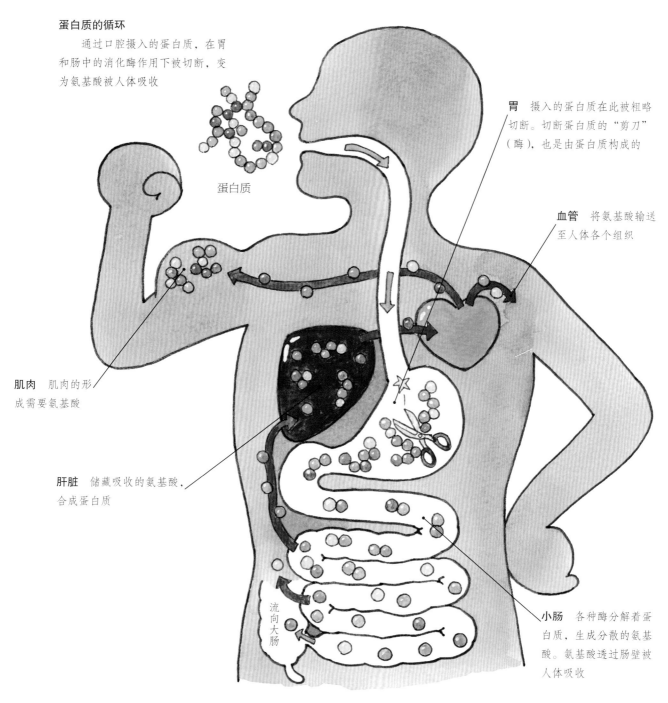

蛋白质的循环

通过口腔摄入的蛋白质，在胃和肠中的消化酶作用下被切断，变为氨基酸被人体吸收

蛋白质

胃　摄入的蛋白质在此被粗略切断。切断蛋白质的"剪刀"（酶），也是由蛋白质构成的

血管　将氨基酸输送至人体各个组织

肌肉　肌肉的形成需要氨基酸

肝脏　储藏吸收的氨基酸，合成蛋白质

流向大肠

小肠　各种酶分解着蛋白质，生成分散的氨基酸。氨基酸透过肠壁被人体吸收

不需要的物质，通过粪便和尿液排出

植物或动物死亡后，微生物会将其分解，直至为极小的分子。原子和分子经常改变结合方式，孕育出新的物质。

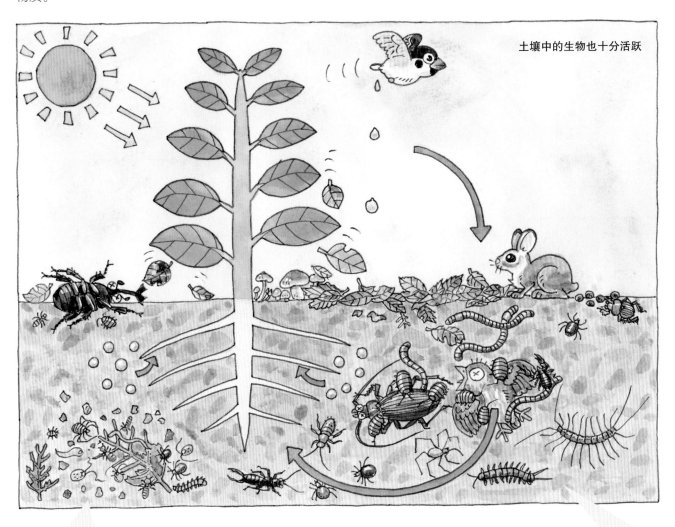

土壤中的生物也十分活跃

微生物不断将粪便剪小，最终生成二氧化碳、水、氨和磷酸。这些物质被树根和树叶吸收成为树的养分。

蚯蚓和西瓜虫最喜欢动物的粪便和落叶。他们不断吞食、咬碎，形成了极为细小的粪便。

很久之前形成的分子会接二连三地变换形态，有可能至今仍在为人体所用。我们呼出的气体和所出的汗，也有可能进入未来某些人的体内。虽然有时不够，有时过剩，但是绝对不存在多余的环节。这就是最高层次的循环。

氧气增多了?

46亿年前,刚刚形成的地球被二氧化碳所覆盖。在距今大约30亿年前,地球环境发生了翻天覆地的变化。地球出现了能够进行光合作用的蓝藻类植物。在光合作用下,大气中出现了过去几乎没有的氧气。当时微生物的呼吸方式为厌氧呼吸,并不需要用氧气,对于它们来说,氧气是毒药般的存在。这样一来许多微生物便随之死亡。

后来出现了利用氧气进行呼吸、获得巨大能量的"好氧型生物",它们开始消费地球上增多的氧气。随后地球经历了植物出现、冰河期往复出现等多个时期,现在大气中的氧气含量大约为20%。

地球·46亿年的时间

据科学家推断,地球形成于距今大约46亿年之前,生物诞生于距今40亿年前,生物在这段漫长的岁月中,相互影响,逐步形成了现在的自然状况。如果有哪一部分过剩或者不足,自然的顺畅运转就会受到影响。但是这期间出现了可以消费多余部分的生物,也出现了可以弥补不足部分的生物。现在,生物也是在相互影响中持续变化。

从漫长的地球历史来看,人类制造出自然界不存在的新分子和高分子还是最近的事情。塑料瓶和塑料快餐盒,使用便利,极大地丰富了我们的生活。

但是人类制造出的新物质与自然界的物质不同,微生物并不能将其分解(比如塑料瓶和塑料快餐盒等)。所以这些不能分解的物质不断堆积在地球之上。最近人类甚至还制造出了会成为放射性垃圾的物质。这些不能分解的物质持续堆积,地球环境会愈发脏乱,更导致了生物维持生存所使用的物质相对减少。

没有剪断塑料的剪刀

塑料

啊!

继续变身!

哪怕几万年之后,也不会出现能分解塑料的微生物!有关分解塑料的微生物研究已在进行之中,可被微生物剪断的塑料的研究步伐也很快。自然界花费了漫长的时间形成的调节分子聚集、分子消失等生命循环,绝不能被人类制造出的物质所破坏。

今后的科学不仅会用在制造物质,而且还需要考虑到制造出的物质如何分解。这也是寻求人与自然和谐相处之道。

各章节要点

第1章

三态变化

无论哪种物质，都是由"原子、分子和离子等微粒（以下简称'微粒'）"构成的。这些微粒在一定的温度和压力下会在固体·液体·气体三种状态（三态）间变化。第1章的开头部分，首先引出了物质的三态变化。

状态图

特定的温度和压力下，表示物体处于固体、液体、气体的哪一种状态的表，被称为"状态图"。从图中我们可以得知，同一温度下压力不同物质状态会变化，压力相同温度不同状态也会变化。右图展示了水和二氧化碳的状态图。水和二氧化碳对我们来说是非常亲近的物质，但他们都拥有着特殊的性质。水是一种奇怪的物质，因为液态的水比固态的水（冰）密度更大，所以冰能浮在水面上。固体的二氧化碳为干冰，其不用经过液体状态可以直接"升华"为气体。这些现象在状态图中又会如何表示呢？

水状态图中的红线，表示1个大气压（1013hPa，1hPa=100Pa）。沿着这条线可以得知水在1个大气压下的状态。温度在0℃时是固体和液体的临界点，此处为熔点。100℃时是液体和气体的临界点，此处为沸点。沿着熔点处引出的一条纵轴方向的虚线，可以看到在高于1个大气压的部分，水已经不是固体而是进入了液体的范畴（淡蓝色部分）。这表示对0℃的冰施加压力，其变为了比冰密度更大的0℃的水。一般的物质在熔点时施加压力仍然保持固体形态，而通过该表我们可以了解到水拥有特殊的性质。

二氧化碳状态图中的红线也与水状态图中一样表示1个大气压（1013hPa）。沿着这条线可以得知−78.5℃的二氧化碳固体直接变为（升华为）气体，在任何温度下都不会变为液体。若要使得二氧化碳变为液体，所需的条件必须是压力在5.1个大气压（5200hPa）以上，温度在−56.6℃以上。

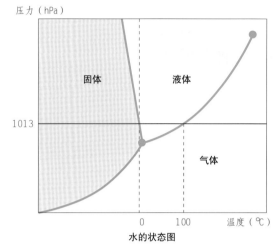

水的状态图

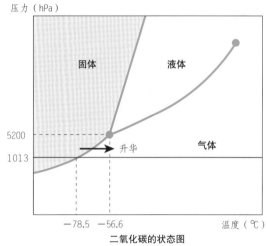

二氧化碳的状态图

第2章

三原色

我们能够看见的光有两种类型。一种是像太阳和电视那样自身发光的光源颜色（光源色），另一种是光被物体反射（还有透射）后的颜色（物体色）。

光源色由红色（R）、绿色（G）、蓝色（B）组成，这三种颜色也被称为"光的三原色"。通过这3种颜色的各种组合，可以产生出所有光的颜色。比如红色和绿色的光混合就成了黄色的光，所有颜色的光（彩虹色）混合后成为白色（无色）的光。太阳光平时呈白色就是因为其中包含了许多种波长不一的光。电视和电脑的显示屏也利用了光的三原色。

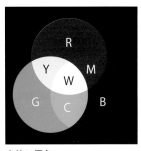

光的三原色

色彩三原色

R: 红 G: 绿 B: 蓝
C: 青绿 M: 品红 Y: 黄 K: 黑 W: 白

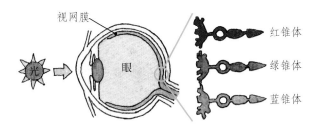

感知色彩的眼部细胞

另一方面，物体色的基本色为青绿（cyan : C）·品红（magenta : M）·黄色（yellow : Y），这三种颜色被称为"色彩三原色"。

物体色既是"物体反射（透射）后的颜色"，也是"物体没有吸收的颜色"。红苹果吸收了除红色（绿色和蓝色）以外的光，反射红色光，呈现红色。物体色逐渐混合，被吸收的颜色增多射入眼球的颜色减少，遂成为黑色。所以数种颜料混合后会变为黑色。黑色物体可以吸收所有颜色的光，而白色物体不吸收任何颜色的光。

光的三原色中的两种颜色混合，就成了色彩三原色的1种。如上图所示，红和蓝混合成为品红、蓝和绿混合成为青绿、绿和红混合成为黄色，例如，因为吸收红色的物质反射蓝色和绿色，所以我们能够看到青绿色。

颜色与眼睛的关系

光并非自身带有颜色，人脑并不能辨识光波长不同带来的颜色差异。

人眼内部的视网膜中带有感红锥体、感绿锥体、感蓝锥体这三种细胞，它们分别可以感受长波光、中波光、短波光。长波光射入眼中感红锥体细胞会做出反应，并将这一刺激传至大脑后我们就能感知到红色。同理绿色锥体细胞做出反应就能感知绿色，蓝色锥体反应就能感知到蓝色。感红锥体细胞和感绿锥体细胞产生同等反应时就能感知到黄色，感绿锥体细胞和感蓝锥体细胞产生同等反应时就能感知到青绿色，感绿锥体细胞和感红锥体细胞产生同等反应时就能感知到品红色，3种锥体细胞产生同等反应时就能感知到白色。通过3种锥体细胞的反应和相互组合，我们就能感知到其他各种微妙的色彩。

人类可见的色彩都能由光的三原色（红色、绿色、蓝色）组合表现的原因就是人类是通过感受红色、绿色、蓝色的锥体细胞认识色彩。

人类是通过三种锥体细胞感受基于三原色的色彩，但是锥体细胞数目不同的生物则是依靠不同数目的原色感受色彩。灵长类以外的绝大部分哺乳动物都只拥有两种锥体细胞，只能基于二原色观察世界。鸟类和爬行动物大多拥有四种锥体细胞，甚至被认为可以观察到紫外线。这样的生物看到的世间万物颜色与人类截然不同。

第3章

溶解度

一定量的溶媒中持续溶解溶质的话，就能观察到它会在一定情况下不能继续溶解。虽然此时分子会由固体溶解为液体，但同样也有分子从液体回到固体，所以让人感觉溶液不再起变化了。这样的状态被称为"达到平衡"，此时的溶液被称为"饱和溶液"。溶解于100克溶媒中的溶质的量用"溶解度"表示。溶解度虽然随着溶媒的种类和温度变化，但固体的溶解度一般随温度上升而提高。

沸点上升

将盛满水的碟子放入密闭容器，观察其变化情况。可以发现最初从表面有水蒸发，水变少，但过一段时间后这种变化就停止了。因为这时从水变为水蒸气的分子和水蒸气变回水分子的数量相同，从表面上看，水似乎已经不再蒸发了。这也是达到了平衡。也可以说是"已饱和"，这时水蒸气的压力被称为"饱和蒸汽压（蒸汽压）"。

将第1章的水的状态图中接近沸点的部分放大之后就是沸

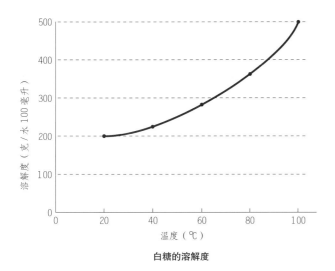

白糖的溶解度

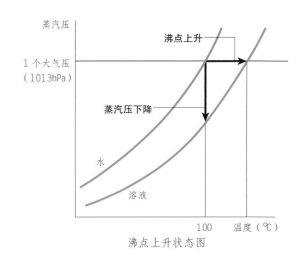

沸点上升状态图

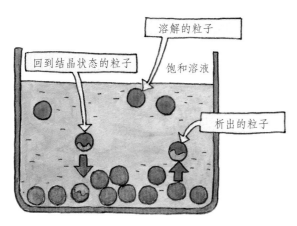

点上升图的蓝线。同样蒸汽压下，温度下降后蓝色线的左侧（第1章的状态图中液体状态部分）部分多是水蒸气变回水的情况，温度提升到蓝色线右侧后（第1章的状态图中气体状态部分），水的表面和内部都会不断变为气体（沸腾）。平地环境下大气压一般为1个大气压（1013hPa），这时水开始沸腾的温度虽为100℃，但从图中我们可以看出，大气压力更低时在低温状态就会开始沸腾。

水中溶解有某种物质时，沸点会高于100℃。这种沸点上升的现象的原理是什么呢？

溶液被溶质所阻碍，水蒸发变得困难，但对水蒸气变回水却并不造成影响，所以变回水的部分增多，导致蒸汽压变小（被称为"蒸汽压下降"）。反映在图上就是状态图的绿色线部分。想要让这样的溶液在大气压为1个大气压时沸腾，需要100℃以上的温度。也就是说沸点上升了。

关于胶体

本书中涉及的肥皂水和蛋黄酱这样的溶液中，油的周围有许多肥皂或卵磷脂围成一圈，成为较大粒子浮于水中。这样的液体被称为胶体溶液（液态胶体）。

胶体不仅只有液态胶体，还有以较大粒子形式分散于气体和固体中的气态胶体和固态胶体。"云"是大气中水滴集合而成的气态胶体，"猫眼石"是矿物中水合物沉淀形成的固态胶体。

一般来说胶体指直径为1~100纳米（纳米：10亿分之一米）的粒子分散于气体、液体、固体中的状态。胶体有许多种分类方法，在此介绍其中的2种。

<胶体的分类1>

胶体由分散质（分散的物质）和分散媒（使物质分散的物质）组合而成，可以分成8种类型（参照下页表格）。

<胶体的分类2>

胶体根据其粒子构造的不同，还可以分类为以下3种。

①分子胶体 1个分子构成的胶体粒子的具有一定大小（淀粉和蛋白质等高分子）

②胶束胶体（胶团胶体）大量小分子集合而成的粒子（肥皂等表面活性剂）

③分散胶体 不可溶的固体变成的胶体粒子（金属和黏土等）

肥皂水和蛋黄酱都属于胶束胶体。50~100个亲水基向外，亲油基向内的球状分子结合后，成为肥皂水的胶体粒子。

胶体的分类

名　称	分散媒	分散质	例子
气态胶体 （气溶胶）	气体	液体	雾（大气中的水滴）、云
		固体	烟（空中的碳粒子）、粉尘、霾
液态胶体 （液溶胶）	液体	气体	啤酒的气泡
		液体	牛奶、蛋黄酱（乳浊液）
		固体	泥水、墨汁、油漆（悬浊液）
固态胶体 （固溶胶）	固体	气体	浮石、海绵
		液体	猫眼石（矿物中所含有的水）
		固体	有色眼镜（玻璃上附有金属）、红宝石

引用自『化学Ⅰ・Ⅱの新研究―理系大学受験』（卜部吉庸著、三省堂）

第4章

氧为什么易产生反应

众所周知，氧与许多物质可以发生反应。但这是为什么呢？

化学反应就是重新构建或者切断原子和原子的结合后生成其他物质的过程。但这种新结合或切断结合都伴随着原子携带的电子的移动。易释放出电子的物质或对电子吸引力强的物质易发生反应。氧对电子的吸引力（被称为电负度）非常强，在所有元素中仅次于氟。如果氧原子附近有其他的原子和分子，氧就吸走它们携带的电子，发生反应。

那么，为什么氧易吸引电子呢？

在这里让我们先来看看和氧大小差不多的原子吧（参见右上图）。原子正中有带有正电的质子，其数目由原子的种类决定。其外围有与质子数目相同的电子旋转，但并非是无规律地旋转，而是沿着既定的内侧轨道有序进行。

从锂到氖的最内侧轨道都已经设好，而排在后面的物质的外侧轨道中的电子都比排在前一位的电子多一个。该轨道中能容纳8个电子，未容纳电子或者8个电子容纳满后进入稳定状态。比如氖的外侧轨道已经容纳有8个电子，十分稳定，不会与其他物质反应。

锂的外侧轨道仅有1个电子，所以为达到稳定状态必须释放出这仅有的电子或者从别处得到7个电子凑齐8个电子。释放仅有的这个电子相对简单，所以锂易放出电子成为＋（正）离子。与之相对，氧和氟再得到1个或2个电子凑齐8个电子比释放出大量电子简单，所以它们经常从别处夺取电子以期达到稳定形态。所以，它们对周围电子的吸引力很强。

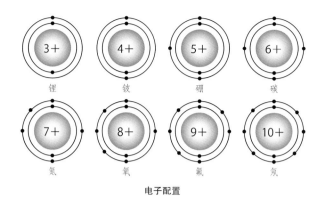

电子配置

如上方图所示，电负度最高的是氟，其次是氧。氟虽然比氧还容易发生反应，但是大气中氧比氟的含量多出许多，各类物质与氧的反应显得十分突出。

氧化与还原

本章以"与氧结合为氧化，失去氧为还原"来定义氧化和还原。但除了氧的得失，还有以氢或电子的得失作为标准的定义。

本书第94页中维生素C和碘的实验中，维生素C失去2个氢，这2个氢与碘发生反应生成碘化氢。实验中，碘变为了碘化氢，所以碘固有的褐色消失。维生素C失去氢是氧化，碘变为碘化氢是与氢结合的还原过程。因为这一过程中一存在丢失就会被有另一方接受，所以氧化和还原经常同时发生。

能量

能量是物体导致或引起周围事物做出某些工作的能力。本章中已经提到了能量有运动能和光能等许多种类，并且可以相互转换。

在某种能量转换到另一种能量的过程中，变换前后的能量总和相等。也就是说能量既不能凭空产生，也不能凭空消失。这一现象被称为"能量守恒定律"。

那么能量守恒是不是意味着不会出现能量不足这样的问题呢？实际上，能量在转换的过程中有时会产生热量（物体滑落或者涡轮旋转产生的摩擦热等）。变为热量的能量，并不能全部使用于各项工作中，可被利用的能量总是在不断减少。因为并不存在永久运转的永动机。比如投入火力发电中燃料的能量只有大约40%转换为电力，核电的转换率则是30%左右。

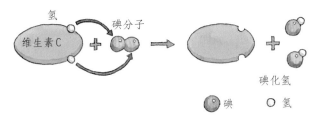

维生素 C 与氧气的反应

氧化与还原

	氧化	还原
氧原子	结合	丢失
氢原子	丢失	结合
电子	丢失	得到

吸收性良好的高分子线，手术后线会逐渐被人体吸收，酶将其分解为二氧化碳和水，最终被排出体外。依靠这种缝合线可以免去拆线的过程，可以减轻患者的负担。

<可被微生物分解的塑料>

既轻便又坚固的塑料虽然十分便利，但缺点是变为垃圾后不易分解。针对这一问题，人们开发出了生物可降解高分子。这类高分子可以被自然界的微生物分解为较小的分子。最具代表性的就是乳酸聚合成的聚乳酸。其在餐具、垃圾袋、包装材料、缓冲材料等领域得到了广泛运用。

第 5 章

可以顾全环境问题，又可以给我们生活带来便利的合成高分子被称作"功能高分子"。

得益于这类高分子的开发，我们的生活变得愈发便利。下文中将介绍其中几个具有代表性的功能高分子。

<可导电的塑料>

塑料本是不导电的物质，但乙炔聚合而成的聚乙炔中添加少量碘和碱性金属制成的塑料和金属一样可以导电，现在已运用在手机电池、触摸屏等领域。这种塑料不仅可以导电，而且具备重量轻、可加工为任何形状的塑料特性，使得很多装置的小型化、轻量化成为可能。发现导电塑料并从事后续开发的白川应英树博士在 2000 年获得了诺贝尔化学奖。

<沙漠变绿洲！ 高吸水性高分子>

1 克用在纸尿裤和生理用品的高分子材料可以吸收 1 升的水。这种高吸水性高分子具备类似网眼的构造，可以大量吸收水分膨胀。其用于保水材料可以帮助沙漠中植物生根，这一用途也广受业界关注。

<不用拆的缝合线>

手术后需缝合伤口，伤口愈合后需要拆线。如果使用生物

■作者·画家简介

原田佐和子（harada·sawako）

日本女子大学家政学院化学系毕业。后攻读该大学食物学科研究生课程，获得硕士学位。现居东京。科学读物研究会会员。在面向小学生读者的《科学俱乐部》等作品中，基于寓教于乐的理念，取得了丰硕成果。译著有《天文学》、《熟悉》、《爬虫类动物的种种》、《海洋科普》（这四本都是玉川大学出版部出版），《氧的故事》、《氢的故事》（大月书店），著作有《惊讶！与科学娱乐之书》（合著，MATES出版株式会社）、《新·科学书籍真有趣》（合著、连合出版）等等。

小川真理子（ogawa·mariko）

巴黎南奥赛大学3eme cycle毕业，后攻读东京大学工系研究生课程，获得硕士学位。东京工艺大学艺术学系教书，先后就职于日本大学理工学院、东京工艺大学女子短期大学学院，现为工学博士，科学读物研究会会员。从事着将科学书籍融入到儿童生活学习中的一系列活动。译著有《代数与几何》、《海洋的世界》（这两本都是玉川大学出版部出版），著作有《科学读物的30年》（合著、连合出版）、《学校的世界地图》（大月书店）等等。

片神贵子（katagami·takako）

奈良女子大学理学院物理系毕业。科学读物研究会会员。主要从事科学领域的翻译工作。翻译过的杂志包括美国的科学杂志Science、国家地理杂志日本版。译著有《音乐》、《技术》（这两本都是玉川大学出版部出版）、《自然疗法百科辞典》（合译、产调出版）、《了解生命科学的前沿 体外受精》、《人类谱写的科学历史 光的发现》（这三本都是是文溪堂出版）、《挑战！太阳系 通过实验与道具探寻宇宙的奥秘》（少年照片报社）、《哈勃宇宙望远镜 时空之旅》（Inforest株式会社）等等。

沟口惠（mizoguchi·megumi）

御茶水女子大学理学院化学系毕业。后攻读了该大学研究生课程，获得理学研究科化学专业硕士学位。现为御茶水女子大学附属高等学校教谕·御茶水女子大学外聘教师。日本化学会教育会员。东京都高等学校理科教育研究会理化部会会员。

富士鹰茄子（fujitaka·nasubi）

1956年生于新泻。于1981年《周刊少年冠军》（秋田书店）发表了搞笑漫画《蛋dan》出道。也对温情风格的单格漫画、四格漫画进行过尝试。
现在在日本野鸟会会刊《野鸟》和《 BIRDER 》（文一综合出版）等刊物发表野鸟插画和野鸟漫画。与野鸟相关的著作有《原色非实用野鸟趣味图鉴》（日本野鸟会）等。日本野生生物艺术协会会员、日本野鸟会会员。

本书创作的协助者：福田丰（御茶水女子大学名誉教授）

图书在版编目（CIP）数据

化学变！变！变！/（日）原田佐和子等著；高远，蒋莉译. -- 南昌：江西人民出版社，2017.5（2023.2重印）
ISBN 978-7-210-08813-4

Ⅰ.①化… Ⅱ.①原… ②高… ③蒋… Ⅲ.①化学—少儿读物 Ⅳ.①O6-49

中国版本图书馆CIP数据核字(2016)第241037号

HENSHIN NO NAZO - KAGAKU NO SUTÂ!

Text by Sawako HARADA, Mariko OGAWA, Takako KATAGAMI and Megumi MIZOGUCHI

Illustrations by Nasubi FUJITAKA

Copyright © 2013 by Tamagawa University Press

First published in Japan in 2013 by Tamagawa University Press, Tokyo

Simplified Chinese translation rights arranged with Tamagawa University Press

through Japan Foreign-Rights Centre/ Bardon-Chinese Media Agency

本书中文简体版权归属于银杏树下（北京）图书有限责任公司

版权登记号：14-2016-0280

化学变！变！变！

作者：[日] 原田佐和子　小川真理子　片神贵子　沟口惠　绘者：[日] 富士鹰茄子　责任编辑：干强

出版发行：江西人民出版社　印刷：天津图文方嘉印刷有限公司

889 毫米 ×1194 毫米　1/16　8 印张　字数 212 千字

2017 年 5 月第 1 版　　2023 年 2 月第 10 次印刷

ISBN 978-7-210-08813-4

定价：88.00 元

赣版权登字 -01-2016-637